MÉMOIRES

TIRÉS DU TRAITÉ

DE LA CONSERVATION

ET

DE L'AMÉNAGEMENT DES FORÊTS.

S

Cit. Villetard fils. rue du four Germain n.º 293. /.
delagart de l'auteur. /

MÉMOIRES

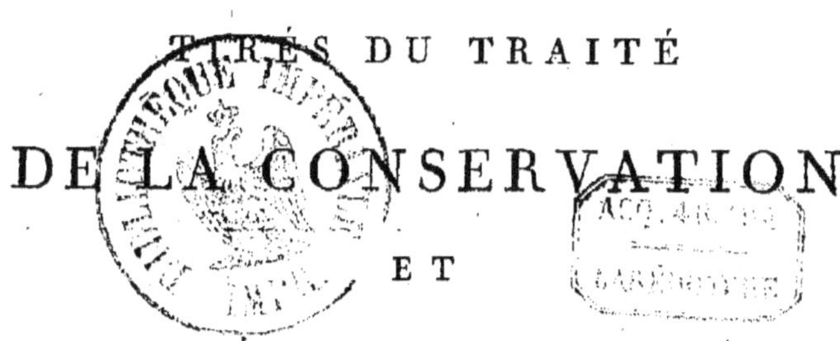

TIRÉS DU TRAITÉ

DE LA CONSERVATION

ET

DE L'AMÉNAGEMENT DES FORÊTS.

Ouvrage dans lequel les *propriétaires* trouveront des moyens économiques de planter et de repeupler les bois, et d'en retirer le revenu le plus considérable; et les *marchands* de bois et les *fermiers*, des renseignemens certains sur leur exploitation la plus lucrative.

On y trouve aussi un projet de Code complet des eaux, chasses et forêts.

Par le cit. PERTHUIS,

De la Société d'Agriculture, Sciences et Arts du département de Seine et Marne.

A PARIS,

Chez Brosson, Imprimeur-Libraire, rue Pierre-Sarrazin, n° 7.

AN VIII.

AVIS.

CET ouvrage, fruit de quarante ans d'expériences et d'observations, n'a pu être imprimé dans son entier à cause des
changemens que les circonstances y ont occasionnés.

L'auteur s'est déterminé à faire paraître séparément ces
fragmens, dont la lecture peut présenter de l'intérêt, au
moment où le gouvernement s'occupe de la réorganisation de
l'administration forestière.

Ils sont arrangés de manière que, lorsque tout l'ouvrage sera
imprimé, ceux qui les auront achetés pourront se compléter
sans être obligés de prendre l'ouvrage en entier.

TRAITÉ

DE LA CONSERVATION

ET

DE L'AMÉNAGEMENT DES FORÊTS.

CHAPITRE PREMIER.

Administration et conservation des forêts nationales.

PRÉLIMINAIRES.

J'AI prouvé, dans l'introduction de cet ouvrage, que les bois étaient d'une nécessité absolue pour la France, et que, pour conserver et augmenter les produits de ceux qu'elle possède, il était indispensable de réorganiser le mode de leur conservation, et de rectifier le système de leur aménagement.

Je crois y avoir démontré la nécessité d'ajouter aux attributions actuelles de l'administration forestière (1), celles de la conservation des chasses,

____

(1) Ces nouvelles attributions tendent, comme on

A

pêches et pêcheries, et de la destruction des bêtes puantes et carnacières.

Je vais donc asseoir mon projet d'organisation forestière sur ces différentes attributions.

§ I. *Organisation forestière.*

Bases de l'organisa-
tion fores-
tière.

Pour que cette institution remplisse le but auquel on veut atteindre, c'est-à-dire qu'elle procure la surveillance la plus exacte et l'administration la plus économique, il ne faut pas exiger des administrateurs, conservateurs et agens forestiers, plus de travail qu'ils n'en peuvent faire, et des inspecteurs, sous-inspecteurs et gardes, une surveillance plus étendue que celle que leur force et le tems peuvent leur permettre; mais on doit

---

l'a vu, à conserver et à multiplier des comestibles dont quelques-uns, *rassemblés en trop grande quantité*, faisaient un tort réel à l'agriculture, mais dont le plus grand nombre ne produisait qu'un très-grand bien. Il était naturel de les donner à l'administration forestière, puisque ses agens seront sans cesse répandus dans les campagnes ; elles seront avantageuses, car indépendamment de l'économie qui résultera de ces attributions, la chasse, les pêches et pêcheries, produiront un revenu assez notable d'abord pour indemniser de l'augmentation des dépenses de conservation, et ce revenu doit s'élever un jour au triple.

(3)

en proportionner le nombre aux besoins de cette surveillance, et à la multiplicité des travaux administratifs et d'aménagement.

Sans cette juste proportion, ou l'administration forestière deviendrait trop dispendieuse, ou le brigandage et les usurpations continueront d'être à *l'ordre du jour* dans les forêts.

Cela posé, je partage la France en cinquante conservations forestières, c'est-à-dire que j'établis une conservation forestière pour deux départemens.

Les conservateurs que j'institue remplaceraient les anciens grands maîtres, avec cette différence qu'ils seront beaucoup plus occupés.

Si la France possède environ huit millions d'arpens de bois nationaux ou communaux, chaque conservation moyenne pourra en contenir cent soixante mille arpens.

Les pêches et pêcheries nationales de l'intérieur peuvent être évaluées à cent mille arpens; c'est donc, terme moyen, deux mille arpens pour chaque conservation, ou environ cinquante-six lieues de rivières.

En admettant l'âge moyen des coupes annuelles des bois nationaux ou communaux à trente-cinq ans, la coupe annuelle de chaque conservation sera d'à peu près quatre mille cinq cent soixante-douze arpens.

Cette quantité sera nécessairement plus ou moins disséminée, car les bois provenant du clergé et des émigrés ne sont pas tous en grandes pièces.

La dissémination de ces bois exigera donc un plus grand nombre de ventes annuelles que s'ils étaient en grandes masses; et même dans ce dernier cas, il serait avantageux d'en établir dans chaque grand *triage*, comme on le fait à Fontainebleau et ailleurs, afin de les mettre à la portée d'un plus grand nombre de marchands, et par-là d'augmenter la concurrence.

Supposons chaque vente particulière de vingt arpens environ: les quatre mille cinq cent soixante-douze arpens à couper annuellement par chaque conservation moyenne, occasionneront deux cent vingt-huit ventes qu'il faudra arpenter, baliver, marquer, réarpenter et récoler.

Division des conservations en arrondissemens. Je propose de diviser à cet effet chaque conservation moyenne en quatre *arrondissemens*, et d'attacher à chaque arrondissement une administration forestière composée d'un *agent*, d'un *inspecteur* et d'un *greffier*.

L'administration forestière de chaque arrondissement moyen aura donc annuellement à faire le quart des opérations de sa conservation, c'est-à-dire environ cinquante-sept ventes.

Si maintenant on ajoute au tems que chaque administration forestière emploiera aux opéra-

(5)

tions relatives à ces cinquante-sept ventes, celui qu'elle sera obligé de donner,

1° A la rédaction des cahiers des charges et ventes,

2° Aux menues adjudications actives et passives, comme plantations, chablis, dessèchement, etc.

3° Aux adjudications et rédactions des cahiers des chasses, pêches, fruits des bois, etc.

4° Aux visites générales et annuelles des bois, chasses, etc.

5° Aux déplacemens extraordinaires ; enfin celui des tems de pluie ou de neige, ou trop rigoureux, pendant lesquels les bois ne sont pas abordables ; l'on se convaincra que cette division d'une conservation moyenne en quatre arrondissemens, présente l'économie de tems la plus complète, et que conséquemment elle est la plus avantageuse.

§ II. *Cautionnement.*

Il est juste que le trésor public puisse s'indemniser par lui-même du préjudice que pourraient lui occasionner, ou l'insouciance des administrateurs forestiers, ou leur improbité ; et à cet effet la loi doit exiger d'eux un cautionnement relatif à la gravité des délits qu'ils peuvent commettre dans l'exercice de leurs fonctions.

§ III. *Traitemens.*

Les administrateurs forestiers sont actuellement payés par vacations, comme les anciennes maîtrises : ainsi plus ils font d'opérations, meilleur est leur traitement. Leur intérêt est donc de les multiplier pour augmenter leur aisance.

C'est à ce régime vicieux que l'on doit attribuer la destruction de la plus grande partie des quarts de réserve des communautés religieuses et laïques, parce que les communautés, avides de jouir, trouvaient presque toujours dans les maîtrises un appui d'autant plus favorable qu'il leur devenait plus avantageux à elles-mêmes.

Il faut cependant avouer que, quelque grandes qu'aient été les destructions avant la révolution, elles n'approchent pas de celles qui ont eu lieu depuis, et notamment depuis le 18 fructidor an 5.

On a vu des administrateurs forestiers, nommés à cette dernière époque, aller solliciter les communes possessionnées, de demander aux administrations centrales des doubles et triples coupes, et celles-ci, d'intelligence avec ces prévaricateurs, les accorder *sans l'autorisation du gouvernement,* et contre le texte précis des lois.

Il est donc très-pernicieux de mettre l'intérêt personnel des administrateurs forestiers en opposition avec l'intérêt public ; et pour remédier à cet abus il faut leur accorder un traitement fixe.

Ce traitement doit être déterminé d'une manière équitable, et combiné avec les dépenses que les membres de l'administration forestière seront dans le cas de faire dans l'exercice de leurs fonctions, et avec l'importance de leurs places.

En économie bien entendue, *il ne faut jamais mettre les devoirs aux prises avec les besoins, si l'on veut être servi fidèlement.*

Maxime d'économie publique.

CHAPITRE II.

Aménagement des forêts nationales.

PRÉLIMINAIRES.

$\mathcal{A}$MÉNAGER des bois, c'est déterminer l'âge auquel on doit les couper.

Le meilleur aménagement est celui qui donne au propriétaire le revenu le plus considérable.

L'aménagement ne peut produire cet effet, sans offrir aux nombreux besoins de la société la plus grande abondance possible de matière en combustibles et en bois d'ouvrages; puisque c'est cette abondance seule qui donne aux bois le *maximum* de valeur.

Ainsi le meilleur aménagement est *également* avantageux et au propriétaire et à la nation.

Pour parvenir à ce meilleur aménagement des bois, il faut combiner l'âge de leurs coupes, 1° avec la nature du sol, 2° avec les *essences* (1) de bois qui le couvrent, considérées dans la durée de leur existence, et dans leur utilité pour les besoins généraux de la société.

Ces combinaisons, que je crois rigoureusement

____

(1) Espèces.

nécessaires, semblent devoir compliquer cette opération : je vais faire voir qu'avec quelques connaissances théoriques et pratiques sur les bois et forêts, *que l'on a droit d'exiger des administrateurs forestiers*, elle ne présente aucunes difficultés.

§ I. *Classement des bois suivant la nature du sol.*

On peut juger de la qualité du sol d'un bois, par la pousse annuelle des arbres âgés de vingt-cinq à trente ans, et pour former ce jugement il ne faut que des yeux.

Lorsqu'à cet âge les branches les plus verticales d'un chêne (1) ne s'alongent que de *deux* à *quatre* lignes par année, le sol du bois est très-mauvais; je le note *première classe.* Première classe.

Lorsque ces mêmes branches ne s'alongent que de quatre à neuf lignes, le sol est un peu moins mauvais; *seconde classe.* Seconde classe.

Lorsque ces mêmes branches ne s'alongent que Troisième classe.

---

(1) Je cite ici le chêne, parce que c'est sur cette essence que la différence de cet alongement s'aperçoit le mieux, et que d'ailleurs, si on en excepte les terreins qui ne peuvent nourrir que des arbres résineux, le chêne se trouve presque toujours seul sur cette nature du sol.

de neuf à vingt-une lignes, le sol est encore moins mauvais; *troisième classe.*

Qatrième classe. Lorsque ces mêmes branches s'alongent de deux à six pouces, le sol est médiocre; *quatrième classe.*

Cinquième classe. Lorsque ces mêmes branches s'alongent de six à dix pouces, le sol est déjà au-dessus du médiocre; *cinquième classe.*

Sixième classe. Lorsque ces mêmes branches s'alongent de dix à quinze pouces, il doit être estimé bon; *sixième classe.*

Septième classe. Enfin, lorsque ces mêmes branches s'alongent de quinze à vingt-quatre pouces et au-dessus, la qualité du sol est supérieure; *septième et dernière classe.*

§ II. *Etat des arbres sur les sols de ces différentes classes.*

Les chênes crus sur le sol de la première classe sont peu élevés, rachitiques; leurs branches sont rares et tortues; quelques-uns se couronnent à trente ans, et même avant cet âge ils ne profitent plus, et l'on n'aperçoit presqu'aucune différence entre un chêne d'*un âge* et un chêne de *deux âges.*

Les chênes du sol de la deuxième classe ont un peu plus de vigueur que les précédens, et se couronnent un peu plus tard.

Les chênes du sol de la troisième classe ont la pile (1) plus longue, le port plus agréable, les branches moins tortues et l'écorce un peu plus claire. Les arbres de deux âges se distinguent aisément de ceux d'un âge, par leur plus de grosseur.

Les chênes du sol de la quatrième classe présentent une pile encore plus haute, des branches plus droites et plus multipliées. Les arbres de deux âges y sont aussi d'une forme encore mieux prononcée que sur la troisième classe.

Les chênes du sol de la cinquième classe présentent de belles formes dans leur hauteur et leur grosseur.

Enfin ceux du sol des sixième et septième classes sont de la plus belle venue.

§ III. *Aménagement des bois, déterminé par la pousse des taillis de vingt ans, sur les sols de différentes classes.*

S'il n'y avoit point de chênes sur les sols de ces différentes classes, on pourrait encore en déterminer la classe par l'examen de la hauteur des taillis de vingt ans.

––––––––––––––––––––––––

(1) En langage forestier, on appelle *pile* d'un arbre, la tige.

Les taillis du sol des première, seconde et troisième classes cessent, pour ainsi dire, de s'élever après douze, quinze et vingt ans; mais ils grossissent jusqu'à vingt-cinq ans. Ils dépérissent ensuite, et la valeur de ce qui périt excède toujours ce que les taillis restans peuvent gagner en grosseur.

D'un autre côté le bois de *moule* ou de chauffage, que ces taillis produisent à vingt-cinq ans, est beaucoup meilleur que le peu qu'on en retire coupé à quinze et vingt ans. Il brûle moins vîte, rend plus de chaleur, et par cette raison se vend plus cher.

L'intérêt général et particulier exige donc que ces trois premières classes de sols soient aménagées à vingt-cinq ans. On ne voit guères que du chêne sur les mauvais fonds, et si l'on prescrit d'y laisser des baliveaux, ce n'est pas pour y croître en futaies, puisque ce seroit en pure perte, mais pour procurer des glands aux repeuplemens naturels, et fournir quelques bois d'ouvrage.

Les taillis de la première classe en produiront peu, mais ceux de la seconde et troisième classes en fourniront davantage. Si ces bois étaient précédemment coupés entre douze et quinze ans, *le nouvel aménagement augmentera le prix de leur feuille* (1) *de* 1 *fr. à* 3 *fr.* suivant les localités.

____

(1) On appelle *prix de la feuille* d'un bois, le revenu

Les taillis du sol de la quatrième classe cessent de s'élever sensiblement à vingt-cinq ans, mais ils grossissent jusqu'à trente-cinq ans. Ils dépérissent ensuite.

Leur bois de *moule* vaut encore mieux que celui des taillis de vingt-cinq ans.

On peut conserver sur ces taillis des arbres de deux, trois, quatre et cinq âges, suivant les localités et les essences; mais rien de plus, car les arbres s'y couronnent ordinairement au quatrième âge.

Si ces bois sont tout en essence de chêne, ou que le chêne y domine, il faut les aménager à trente-cinq ans.

Si les bois blancs ou le charme y dominent, on doit les aménager à trente ans.

Si ces bois étoient précédemment coupés entre quinze et vingt ans, *le nouvel aménagement augmentera le prix de leur feuille de 2 à 7 fr.* suivant les localités.

Les taillis du sol de la cinquième classe grandissent plus long-tems que ceux des classes précédentes; ils commencent donc plus tard à dépérir.

---

fictif annuel d'un arpent de ce bois. Ce revenu se trouve en divisant le prix de la vente d'un de ces arpens par le nombre de ses années, au moment de la coupe.

Si ces taillis sont entièrement en chêne, en hêtre, en frêne, ou en bois mêlés de ces trois essences, ou bien si ces trois essences y dominent sur les bois blancs et le charme, on doit les aménager à cinquante ans.

Si les bois blancs ou le charme y dominent, leur aménagement doit être fixé à quarante ans.

Dans l'aménagement à cinquante ans, il faudra réserver des arbres de deux et trois âges; et dans celui à quarante ans, de deux, trois et quatre âges.

Si ces bois étaient précédemment coupés de quinze à vingt ans, *le nouvel aménagement augmentera le prix de leur feuille de 2 à 8 fr.* suivant les localités et les essences.

Aménagement sur les sols de la sixième classe.

Les taillis du sol de la sixième classe ont encore des pouces annuelles remarquables à 80 ans, et ne paraissent décroître et dépérir qu'à 150 ans, lorsqu'ils sont en bois durs.

Si ces bois sont tout en chêne, ou en frêne, ou en hêtre, ou en châtaignier, ou en bois mêlés de ces trois essences; ou si ces essences y dominent sur les bois blancs et le charme, il faut les aménager à soixante ans.

Si au contraire les bois blancs ou le charme y dominent, leur aménagement doit être fixé à cinquante ans.

Si on les coupait plus tard, ils présenteraient

des vides notables, à 70 ans il n'y resterait plus de bois blancs, et la plus value du charme ne compenserait pas, à beaucoup près, la perte occasionnée par ce retard, attendu que son utilité est très-bornée.

Dans l'aménagement de ces bois à soixante ans, il faut réserver des arbres de deux et trois âges, et dans celui à cinquante ans, de deux, trois et quatre âges.

Si ces bois étaient précédemment coupés de quinze à vingt-cinq ans, *le nouvel aménagement augmentera le prix de leur feuille, de 4 à 12 fr.* suivant les localités et les essences.

Enfin, les taillis du sol de la septième classe manifestent encore une végétation sensible à cent et cent vingt ans, et ne commencent à dépérir qu'à cent quatre-vingts et deux cents ans, lorsqu'ils sont meublés de chêne, hêtre, frêne ou châtaignier; dans ce cas, il faut les aménager à soixante-dix ans (1); mais si le charme, ou les bois blancs

Aménagement sur les sols de la septième classe.

----

(1) On pourrait porter l'aménagement de ces taillis à quatre-vingt-dix ans; mais on s'exposerait à deux inconvéniens très-graves : le premier serait la mort de beaucoup de souches de hêtre et de chêne; le second de procurer aux baliveaux une trop grande hauteur, au moyen de la quelle ils seraient trop en prise aux coups de vents, qui les renverseraient facilement, les rompraient, les tordraient, etc.

y dominent, on doit fixer cet aménagement à cinquante ans.

Les gaulis de cette classe, s'ils étaient en hêtre pour la plus grande partie, devraient être aménagés à soixante ans.

Les réserves de ces aménagemens seront les mêmes que pour les bois de la sixième classe.

Si ces bois étaient précédemment coupés de quinze à vingt-cinq ans, *le nouvel aménagement augmentera le prix de leur feuille, de* 5 *à* 16 *fr.* suivant les localités et les essences.

La forêt de Fontainebleau n'a pas douze cents arpens de fonds de cette septième classe. Celle de Compiègne en a encore moins. La forêt de Villers-Cotterêt en possède davantage, et celle d'Evreux encore plus. Il y en a aussi dans la forêt de Crecy, dans les bois de la Brie et ailleurs.

On ne peut raisonnablement conserver de futaies pleines que sur les sols de la septième classe.

Si le Gouvernement veut conserver des futaies pleines (ce qu'il ne fera pas s'il veut retirer des bois nationaux le plus de revenu possible), c'est sur ces portions de forêts qu'il faut les laisser croître, si elles sont meublées de chêne ou de hêtre, et encore mieux de ces deux essences mélangées. Par-tout ailleurs, il y aurait d'autant plus à perdre que la nature du terrein s'éloignerait davantage de la bonté du sol de cette septième classe.

§ IV. *Ancien aménagement vicieux.*

Sur sept à huit millions d'arpens de bois que possède la France, il y en a au moins six millions qui exigent un nouvel aménagement. Dans ce nombre je comprends les extrêmes, et les bois que l'on coupe à douze et quinze ans, tandis qu'ils peuvent avoir un aménagement plus éloigné, et ceux que l'on conserve en vieilles futaies sur des sols qui ne peuvent les nourrir. Je vais en démontrer la nécessité.

Pour qu'une futaie pleine soit susceptible du plus grand produit, il faut, 1° qu'elle croisse sur les meilleurs fonds, et que les essences qui la composent soient de nature à vivre long-temps, ce qui est rare ; 2° qu'elle soit meublée de celles qui ont le plus de valeur lorsqu'on les exploite, ce qui est encore plus rare. *Futaies pleines.*

Pour que cette futaie produise de beaux arbres, il lui faut une durée de trois siècles : les belles futaies de Fontainebleau ont ou avoient plus que cet âge.

Avant la révolution, les plus belles ne s'y vendaient que 3000 à 3500 fr. l'arpent, parce qu'elles étaient claires, et qu'il y avait des vuides. Admettant 3500 fr. pour l'arpent de trois cents ans, la feuille produisait 11 fr. 3 s. 4 den. de revenu. *Produit des futaies pleines.*

B

Si ces futaies n'avaient point eu de vuides, et que leurs essences eussent été tout en chêne, elles auraient valu 10000 fr. l'arpent; si, en hêtre mélangé de chêne, 7000 fr.; si, en hêtre pur, 4000 fr.; si, en charme, 2500 fr. au plus (si toutefois le charme vit trois cents ans, ce que je ne crois pas).

En divisant ces produits par trois cents, qui sont l'âge de la futaie, le premier donne a sa feuille une valeur de 33 fr. 6 s. 8 d., le deuxième de 23 fr. 6 s. 8 d., le troisième de 13 fr. 6 s. 8 d., et le quatrième de 8 fr. 6 s. 8 d. : voilà le produit le plus fort des pleines futaies en bons fonds.

Avant cette même révolution, on vendait des gaulis de quarante-cinq ans, placés sur des fonds de la cinquième et sixième clases, depuis 800 fr. jusqu'à 1600 fr. l'arpent. En prenant le prix moyen de ces deux sommes, qui est 1200 fr., il donne à leur feuille une valeur de 26 fr. 13 s. 4 d.. valeur qui approche de celle des futaies pleines de trois cents ans de la meilleure espèce.

Près de cette même époque on a vendu à ma connaissance un gaulis de soixante-dix ans, placé sur un fonds de la septième classe, 2,500 fr. l'arpent, ce qui donne à sa feuille une valeur de 35 fr. 14 s. 3 d.

Voilà des différences bien grandes entre le prix de la feuille des pleines futaies, et celui de

la feuille des gaulis; mais si l'on compare ces derniers prix avec ceux résultans de pleines futaies
sur terreins des troisième et quatrième classes, la
différence sera encore plus considérable.

Les futaies crues sur de semblables terreins, offrent beaucoup d'arbres tarés et dépérissans depuis long-tems; la plupart des autres sont bas de tige, couronnés, et peu propres aux bois d'ouvrages : elles présentent d'ailleurs sur toute leur surface des vuides plus ou moins étendus. *Inconvé-niens des fu-taies pleines sur de mau-vais fonds.*

Si l'on eût vendu ces futaies en 1790, on n'en aurait pas retiré 400 fr. par arpent l'un dans l'autre. Admettons que ces futaies eussent de cent cinquante à deux cents ans, l'âge moyen sera de cent soixante-quinze ans, et la feuille de 2 fr. 13 s. 4 d.

Supposons maintenant des taillis de trente ans sur le sol où les futaies de la quatrième classe existent peut-être encore; en 1790 ils auraient été vendus 500 fr. l'arpent, ce qui aurait donné à leur feuille une valeur de 16 fr. 13 s. 4 d. *Avantages d'un aména-gement mi-eux adapté à la nature du sol.*

D'après ces rapprochemens, fondés sur des faits connus de tout le commerce de bois, j'avance que les feuilles des bois de Fontainebleau, même dans les tems les plus favorables, n'ont pas valu au trésor public plus de 10 fr. prix moyen.

Et si, vers 1740, on eût aménagé cette forêt d'après les principes que la nature même semble indiquer, et que nous venons de développer, la valeur de ses feuilles aurait été portée à 26 fr. prix moyen, et jusqu'à 35 fr., si son sol eût été des sixième et septieme classes dans toute son étendue.

Avantages d'un bon a- ménagement dans les loca- lités les plus défavorables. Enfin, pour achever de démontrer ce qu'un bon aménagement peut produire au propriétaire, même dans les localités les plus défavorables, je vais citer pour exemple celui de la forêt d'Evreux.

Cette forêt contient cinquante-cinq mille ar- pens, dont six mille en futaies pleines.

En 1768 les taillis de cette forêt étaient amé- nagés à trente ans avec de superbes réserves.

Ces bois sont presque tous consommés par vingt- neuf usines à feu, et n'ont point d'autres débou- chés. Malgré le désavantage de cette position, ils étaient affermés 500 fr. l'arpent, ou 10 francs la feuille.

Depuis cette époque jusqu'en 1791, le prix des bois a toujours reçu un accroissement progressif; aussi m'a-t-on assuré qu'en 1789 le prix de la feuille était de 16 fr. et plus (1).

Mais il faut l'avouer, je n'ai vu nulle part des bois mieux tenus et mieux conservés.

---

(1) Placez ces bois à portée de Rouen ou à Fontaine- bleau, la feuille vaudra le double ; plus près encore de Paris, elle rapportera le triple.

§ V. *Rapport de l'aménagement des bois avec les essences dont ils sont meublés.*

Jusqu'ici je n'ai examiné l'aménagement des bois que dans son rapport nécessaire avec les différentes natures de sols; mais j'ai suffisamment indiqué que, suivant les essences dont ils étaient meublés, cet aménagement devait recevoir des modifications. Cependant je vais entrer dans quelques détails à cet égard : ils me fournissent l'occasion de signaler les espèces de bois qui sont peu productives ou nuisibles aux bonnes essences, et dont il est bien à désirer pour l'intérêt général et particulier, que l'on empêche le repeuplement, soit en ne prenant point de baliveaux dans ces espèces, soit en les prohibant dans les plantations.

§ VI. *Division des bois forestiers en trois familles.*

Je divise nos bois forestiers en trois familles : celle des bois durs, celle des bois résineux ou oléagineux, et celle des bois blancs.

Les espèces de chacune de ces familles ne sont pas nombreuses; mais il n'en est pas de même des variétés de chaque espèce : je ne parlerai pas de ces variétés, parce que ce n'est pas un traité de botanique que je prétends faire, je remarquerai seulement à leur égard, qu'on attribue à quelques-unes des vices, des couleurs, des propriétés et des conformations qui sont presque toujours dûs à la nature du sol, ou à leur position.

§ VII. *Première famille. Bois durs.*

Dans cette première famille on comprend,

1° *Le chéne*, le plus cher et le plus recherché de tous les bois, parce qu'il est le plus généralement utile et le plus durable. Il est heureusement aussi le plus commun.

2° *Le frêne*, presque par-tout aussi cher que le chêne, surtout dans le voisinage des villes riches et peuplées. Il a même un avantage sur le chêne, c'est qu'en quarante à soixante ans, suivant la qualité du sol, il acquiert toute la grosseur nécessaire pour les arts et métiers qui en font usage. Cet arbre n'est pas très-commun.

3° *L'orme*, très-rare dans les forêts, assez rare dans les bois de peu d'étendue, et aujourd'hui brigandé et mutilé sur nos grandes routes, quoique très-utile, et même d'une nécessité absolue pour l'agriculture, les transports et l'artillerie.

Son prix commun *œuvré* est d'environ les trois quarts de celui du chêne.

4° *Le châtaignier.* Sa valeur relative est inférieure à celle de l'orme. On n'en voit presque plus aujourd'hui dans nos forêts.

5° *Le hêtre.* Sa valeur relative approche de celle de l'orme, quoiqu'il soit très-commun.

6 *Le charme,* trop commun dans nos bois, très-inférieur aux cinq premières espèces pour la hauteur et le produit. Il pousse lentement et ne parvient à tout son développement que sur les sols des sixième et septième classes

Ces six espèces de bois durs donnent le meilleur de tous les bois de chauffage. Elles s'élèvent de dix à cent quarante pieds, vivent depuis trente ans jusqu'à cinq cents ans, suivant la bonté du terrein et leur position.

7° *Platane.* On n'en voit encore que dans les parcs et dans les bois nouvellement plantés. Il vaut mieux que le charme pour l'*œuvrage ;* comme bois de chauffe, il lui est inférieur. Le platane s'élève très-haut, sa végétation est rapide et son usage est borné. Il n'est indigène que depuis environ cent ans.

8° *Le cormier.* Bois rare et d'un usage borné. Il s'élève encore moins que le charme.

9° *L'alisier,* idem.

10° *L'érable,* bois plus commun, encore plus bas de tige que le cormier, et d'un usage encore plus borné.

11° *Le poirier sauvage.* Il est aussi rare que le cormier, et vaut encore moins.

12° *Le pommier sauvage,* également rare, et plus inférieur encore.

13° Enfin *le coudrier.* Ce grand arbuste est la

Bois durs à admettre dans les réserves de notre aménagement.

teigne des bois exploités au-dessous de 25 ans.

Dans ces treize espèces, on voit qu'il n'y en a que cinq de précieuses à conserver, et parmi lesquelles on doive choisir des baliveaux. Encore la rareté de l'orme et du châtaignier, même du frêne, borne-t-elle trop souvent ce choix aux deux autres espèces.

§ VIII. *Deuxième famille, bois résineux.*

Dans la famille des bois oléagineux, on doit placer au premier rang le *mélèse* ou *cèdre du Liban*. Il est le plus grand de tous nos arbres forestiers. Il croît avec vigueur jusqu'à cent ans; il commence ensuite à dépérir. Il est d'un très-grand service pour la marine.

Cet arbre n'est encore connu que dans les départemens qui avoisinent les Alpes, et de quelques curieux de l'intérieur qui en ont fait planter. Il se plaît sur les montagnes élevées, et vient dans des lieux où le chêne languirait ou ne pourrait exister.

2° *Le sapin.* Je ne crois pas que la France possède aucune forêt de ce bois. Il aime un sol froid et élevé. Il grossit lentement, s'élève presque aussi haut que le mélèse, prend beaucoup plus de grosseur et sert aux mêmes usages. On ne le voit encore que chez les curieux.

3º *Le pin.* La France possède des forêts considérables de cette espèce de bois, dans les ci-devant pays d'Auvergne, Guyenne, Provence, dans les Vosges, etc.

Cet arbre est encore un des plus grands et des plus gros parmi nos arbres forestiers. Il prend son accroissement en quatre-vingts ans. Passé ce terme, son bois n'est plus d'un aussi bon service.

Le pin vient par-tout, sur les bons comme sur les mauvais terreins. On en voit une preuve frappante à Fontainebleau, sur le chemin de Moret. Il sympathise d'ailleurs très-bien avec nos autres bois forestiers.

Son utilité est la même que celle du mélèse.

Ces trois espèces d'arbres ne repoussent point de racines ni de souche, mais ils renaissent facilement de leurs graines, lorsqu'on les préserve de la dent meurtrière des bestiaux.

L'âge où le pin et le mélèse cessent de croître doit déterminer celui de leur aménagement, à moins que des besoins locaux n'en exigent un plus rapproché.

§ IX. *Ancien aménagement des bois résineux.*

L'opinion générale est que ces bois ne peuvent être exploités en coupes réglées, et qu'il faut, pour les conserver, les *jardiner* ou les éclaircir, c'est-à-dire en abattre les arbres à mesure qu'ils ont acquis la grosseur désirable.

Cette manière de jouir de ces bois me paroît très-préjudiciable au propriétaire, et voici sur quoi je fonde cette opinion.

Vices de cet aménagement. On peut facilement éclaircir (1) et jardiner des bois oléagineux, lorsqu'ils n'ont point de profondeur ; mais lorsqu'ils sont en grandes masses, on n'y parvient point sans de grandes dépenses et sans beaucoup de détériorations.

1° Les arbres réformés tombent sur ceux qui ne sont pas encore coupés, les écrasent ou les mutilent (2);

2° S'ils ne les écrasent pas, ils *s'encrouent* dessus;

---

(1) Je ne suis point étonné que le savant et laborieux Duhamel ait conseillé aux propriétaires de mettre une partie de leurs bois en futaies pleines, et de les éclaircir à différentes reprises pour en jouir un peu plutôt : il ne connaissait pas tous les désavantages et les inconvéniens de ce vicieux aménagement, et d'ailleurs ce conseil n'était que la répétition d'un usage établi pour les besoins extraordinaires du clergé et des communes possessionnées : mais ce qui me surprend, c'est qu'étant *commissaire de marine* très-éclairé, il ne se soit pas au moins aperçu que les arbres des vieilles futaies pleines sont d'un service bien inférieur à ceux des futaies sur taillis.

(2) Ils s'embarrassent dans leurs branches.

3° Il est toujours difficultueux de sortir de longs arbres à travers ceux qui restent sur pied : sans cesse les voituriers sont gênés et arrêtés ;

4° On ne peut voiturer sous des bois debout sans contusionner, sans endommager une grande quantité des sujets restans, et sans détruire un grand nombre de jeunes plants ;

5° Lorsque ces bois existent sur des pentes trop rapides pour permettre aux voitures d'en approcher, il est très-souvent impossible de les faire rouler en bas, par les obstacles que les arbres restans opposent à cette manœuvre ; et cet inconvénient n'existerait pas dans un aménagement ordinaire, on y remédierait en laissant des passes sans baliveaux ;

6° Enfin, lorsqu'il y a des difficultés à vaincre dans une exploitation, les frais en sont toujours proportionnés à leur nombre et à leur grandeur. Ces frais sont calculés d'avance par l'exploitant, et en définitif c'est toujours le propriétaire qui les paye.

Le mélèse et le pin produisent annuellement une grande quantité de graines ; ces graines lèvent bien sous les bois éclaircis et jardinés, et repeuplent ces bois. Elles lèveront encore mieux sur un fonds découvert ; car ces jeunes plants ne craignent point la gelée.

Il me semble qu'à l'aide de quelques précau-

Possibilité de soumettre les bois résineux à un aménagement régulier.

tions, il est très-possible de soumettre ces espèces de bois à un aménagement, et de régler la coupe des mélèses à cent ans, et celle des pins à quatre-vingts ans.

La première serait de laisser vingt-quatre baliveaux par arpent, pris parmi les jets les plus faibles, afin que ces baliveaux ne tombent pas dans un trop grand dépérissement, lors de la coupe suivante.

La seconde serait l'interdiction de l'enlèvement des graines, deux ans avant et deux ans après la coupe.

La troisième, la défense absolue d'y laisser pénétrer les bestiaux dans aucun tems.

§ X. *Troisième famille, bois blancs.*

Cette famille est moins nombreuse que celle des bois durs : en voici les espèces.

1° *L'ypreau*, ou *grisard*, ou *blanc d'Hollande*. Cet arbre mériterait tenir le premier rang parmi nos bois blancs forestiers, si on le trouvait ailleurs que dans des bois nouvellement plantés. Il est cependant connu en France depuis plus d'un siècle et demi; sa végétation est vigoureuse, il s'élève fort haut, devient très-gros, et se multiplie prodigieusement par ses racines. C'est le plus avantageux des bois blancs à cultiver.

2° *Le tilleul* à petites feuilles. Cet arbre pousse

lentement, excepté sur les fonds de la septième classe; il devient moins gros que l'ypreau. Le bois de sa pile a.de la valeur, ainsi que son écorce.

3° *Le tremble*. Cet arbre pousse aussi vigoureusement que l'ypreau, et se reproduit de même; mais il se gâte souvent avant cinquante ans, tandis que l'ypreau est quelquefois encore très-sain à cent ans. Une grande qualité qui lui est commune avec l'ypreau et le bouleau, c'est de pouvoir croître parmi les bois durs sans leur nuire.

Le bois de tremble, œuvré ou brut, vaut moins que celui de l'ypreau et du tilleul.

4° Le *boule* ou *bouleau*, arbre dont l'utilité est bornée, et qui est inférieur en valeur aux trois premiers. Il croît promptement, s'élève assez haut, prend peu de grosseur, ne vit pas long-tems, et se multiplie par ses graines qui ont la propriété de se conserver beaucoup d'années sans germer.

5° *L'aulne* ou *verne*. Cet arbre vaut un peu mieux que le bouleau et ne vit guère plus long-tems.

6° La *boursaude* ou *marsaule*. Cet arbre est le plus mauvais de tous les bois blancs; il ne prend ni grosseur, ni hauteur, et vit encore moins long-tems que l'aulne.

Je ne comprends pas le saule ni le peuplier parmi nos arbres forestiers, parce qu'ils ne sympathisent pas ensemble, et qu'ils ne réussissent qu'isolés ou plantés en quinconces.

Ces six espèces de bois blancs ne prospèrent bien que sur les terreins frais et humides, à l'exception du bouleau, et sur les sols de la sixième et septième classes. Ils viennent médiocrement sur ceux de la cinquième, et meurent sur les autres lorsqu'on veut les y introduire.

Bois blancs à admettre dans les réserves de notre aménagement. Dans l'aménagement que je propose, j'admets un certain nombre de baliveaux d'ypreau, ou de tremble, ou de bouleau, lorsque cela est possible, parce que, comme je l'ai dit, ils garnissent les bois sans nuire aux essences dures, et ne peuvent qu'augmenter notablement le produit des coupes.

Dans les bois réglés de soixante à soixante-dix ans, plusieurs de ces baliveaux, lors de la coupe, ou seront tarés, ou auront disparu ; mais les racines des trembles vivront encore, et les graines des bouleaux germeront aussitôt que le bois sera abattu.

§ XI. *Réponses à diverses objections.*

Pour ne rien laisser à désirer sur les principes d'aménagement que je viens de développer, je vais achever de détruire toutes les objections que pourraient y faire et les partisans des aménagemens rapprochés, et ceux des vieilles futaies pleines.

Le propriétaire ou l'usufruitier qui veut jouir, prétend *qu'il vaut mieux couper deux fois qu'une.*

Réfutation de l'adage : *il vaut mieux couper deux fois qu'une.*

Cet axiome est vrai pour les futaies pleines, je l'ai démontré ; mais il est absolument faux pour les taillis, usés jeunes.

Ma longue expérience et des observations multipliées, m'ont convaincu que, toutes choses égales d'ailleurs, *un arpent de taillis de vingt-cinq ans*, de quelque classe qu'il fût, produisait plus de marchandises et d'un prix plus élevé que *deux arpens de quinze ans.*

Faits d'expérience et d'observation.

Qu'un arpent de taillis de trente ans, des quatrième, cinquième, sixième et septième classes, produisait plus de marchandises et d'un prix plus élevé que *deux arpens de vingt ans.*

Qu'un arpent de gaulis de cinquante ans, des cinquième, sixième et septième classes, produisait plus de marchandises et d'un prix plus élevé que *deux arpens de taillis de trente ans.*

Qu'un arpent de gaulis de soixante-dix ans, de la septième classe, produisait plus de marchandises que *deux arpens*, *l'un de taillis de trente-cinq ans*, *l'autre de gaulis de quarante ans.*

Enfin, qu'en comparant les produits des gaulis de soixante-dix ans avec ceux des futaies pleines, on trouverait, au désavantage des dernières, une

différence d'autant plus grande qu'elles seraient
plus âgées, ou que, sans attendre les trois siècles
qui leur sont nécessaires pour parvenir à tout leur
développement, elles seraient composées d'essences de moindre valeur et de moindre durée.

Je passe à d'autres remarques.

Remarques à l'appui de ces faits.

Les taillis dénués de futaies (et malheureuse-
ment presque tous les bois de la France sont dans
ce cas), coupés au-dessous de quinze ans, ne produisent point de bois de moule ; coupés de quinze
à vingt ans, ils en produisent peu, et il est bien
menu ; coupés à vingt-cinq ans, ils en produisent
beaucoup plus et de plus gros ; coupés de trente
à cinquante ans, ils en produisent encore plus relativement et du très-beau ; enfin coupés de cinquante à soixante-dix ans, ils en produisent encore
d'avantage relativement ; mais le bois de moule
en est moins prisé parce qu'il s'y trouve beaucoup de quartiers.

En général, plus le bois est menu, moins il
dure au feu, à volume égal. Voilà pourquoi la *mou-
lée* de vingt-cinq ans se vend plus cher que celle
des bois au-dessous de cet âge ; voilà pourquoi
celle des bois de trente à cinquante ans se vend
plus cher relativement que celle des bois de vingt-
cinq ans.

Cet avantage des taillis ou gaulis qu'on laisse
vieillir de vingt-cinq à soixante-dix ans, lorsque

le sol le permet, n'est pas le seul qui résulte de cet aménagement. Plus ils prennent d'âge, plus ils acquièrent de longueur et de grosseur : or, plus ils ont de longueur et de grosseur, plus l'exploitant peut en tirer des bois propres à œuvrer ; et alors il y a telles localités où son industrie augmente le prix d'une corde de bois de 2 à 20 fr. dont la plus grosse part entre toujours en augmentation du revenu du propriétaire.

Il y a des forêts où leur produit est converti en *charbonnage* pour le service des usines ; mais alors on en retire plus relativement des bois de vingt-cinq à soixante-dix ans, qu'on en obtient de ceux au-dessous de vingt-cinq ans : car il sort plus de charbonnage d'une corde de gros bois refendu, que d'une corde de menu rondin refendu.

Plus le bois est jeune, moins il pèse ; plus il est vieux, hors d'âge, moins il pèse.

Sa pesanteur spécifique est moindre à vingt ans qu'à vingt-cinq ; elle est encore moindre à vingt-cinq ans qu'à cinquante ; au delà de ce terme, elle n'augmente plus, mais elle reste à peu près la même pendant cinquante ans, ensuite elle va toujours en décroissant.

Il y a donc de l'économie à se servir de bois d'un âge mûr, soit pour la chauffe, soit pour les constructions. Le consommateur éclairé le sait, puisqu'il se détermine à le payer plus cher.

C

§ XII. *Abolition des futaies pleines.*

Voyons maintenant si les partisans des vieilles futaies pleines sont, comme j'en suis persuadé, aussi peu fondés dans leur opinion, que ceux des aménagemens rapprochés.

Les constructeurs de la marine et tous les charpentiers des constructions civiles, préfèrent unanimement le chêne cru sur les haies, au chêne cru sur les taillis, et celui-ci, au chêne des futaies pleines.

Ces préférences, fondées sur l'expérience de plusieurs siècles, décident la question de savoir, si l'on doit conserver ou proscrire les futaies pleines.

Ce qui tient le législateur dans le doute à ce sujet, c'est que plusieurs auteurs exagèrent les ressources qu'elles offrent aux grandes constructions.

Si ces auteurs avaient scrupuleusement examiné les futaies pleines, dans tous leurs rapports et sous toutes leurs faces; s'ils en avaient comparé les produits avec ceux des futaies sur taillis convenablement aménagés; ils auraient vu,

1° Qu'en général on ne les laisse pas croître assez long-tems pour en obtenir des arbres de grosseur convenable au service des grandes constuctions(1);

____

(1) L'auteur du projet de résolution sur l'aménage-

2⁰ Que lorsqu'on les laisse vieillir assez long-tems pour en offrir, le grand nombre de ces arbres est du plus mauvais service;

---

ment des forêts, Poulain-Grandpré, dit, art. 46, *qu'il faut régler les futaies de cent vingt à cent quatre-vingts ans au plus, et dans certains cas de soixante à quatre-vingt-dix ans au plus.* Avant de parvenir à cet âge, il prescrit *des nétoyemens* (il veut dire des éclaircissemens) *de trente en trente ans.* Il faut n'avoir aucune notion des bois pour raisonner ainsi.

Dans une futaie pleine de cent vingt ans, on ne trouverait aucun chêne de cinq pieds de tour, à moins qu'il ne croisse au milieu de bois blancs : et on sait que pour le service de la marine il faut qu'un chêne ait au moins cinq pieds de tour pour les moindres grosseurs.

Dans les futaies de soixante à quatre-vingt-dix ans, on n'y trouverait pas une poutre de dix à onze pouces d'équarrissage.

On trouve encore dans ce projet la proposition de conserver des bordures le long des chemins qui traversent les bois et sur leurs rives extérieures; mais il est de fait, 1⁰ que les bordures des chemins, par leur ombrage et l'alongement de leurs racines, étouffent bientôt, et font périr les souches des taillis qui les avoisinent, et que les vuides qui en résultent s'augmentent visiblement à chaque coupe des taillis, et au grand détriment du propriétaire; 2⁰ que les bordures des rives extérieures des bois ajouteront encore à ces inconvé-

3° Qu'à cause de leur mauvaise qualité, les arbres des vieilles futaies de Fontainebleau sont exclus des constructions civiles et navales, tandis que ceux des gaulis sont très-recherchés et par les charpentiers et par les constructeurs de marine ;

4° Que dans les parties de futaies pleines où ces arbres acquièrent une grosseur convenable en moins de tems, ce n'est que par la mort des essences qui les environnent, qu'ils ont pu l'obtenir ;

5° Que toutes choses égales d'ailleurs, un chêne cru sur taillis prend autant de grosseur en un siècle, qu'un chêne sur futaies en un siècle et demi ;

6° Qu'on ne peut faire renaître une vieille futaie qu'en la *replantant*;

7° Enfin, que sous quelque rapport que ce soit, un propriétaire ne peut en conserver sans nuire à sa jouissance, à celle de la société, et sans diminuer son revenu ;

Les haies n'ont jamais produit que des ressources bornées à cet égard, parce que sur cent gros arbres, on en trouve vingt-cinq de tarés, et cinquante qui manquent de longueur. D'ailleurs tout le monde connaît le tort que ces arbres font à l'agriculture.

---

niens, celui de ne présenter en très-grande partie à leur coupe définitive, que des arbres branchus et bas de tige.

Au surplus cette discussion est, pour ainsi dire, oiseuse aujourd'hui, car le *maximum*, les besoins de l'État, la gêne des propriétaires, l'aliénation d'une partie des bois nationaux, les anticipations non autorisées de l'an 6, et les vols de tout genre, en ont fait disparaître les plus belles parties.

Il ne nous reste donc plus que les futaies sur taillis, encore depuis cinquante ans (1), et particulièrement depuis la révolution, les a-t-on éclaircies avec une profusion funeste! mais l'ordre et le tems peuvent les réparer.

§ XIII. *Réfutation des inconvéniens attribués aux futaies sur taillis.*

Les partisans des futaies pleines attribuent encore aux futaies sur taillis un vice bien grand, s'il était fondé. Ils prétendent que les futaies étouffent les recrus par leur ombrage, et finissent par anéantir les taillis. Je vais faire voir que ces inculpations sont aussi gratuites que les grandes ressources qu'ils attribuent aux futaies pleines.

La hauteur des taillis est toujours relative à leur âge, toutes choses égales d'ailleurs.

---

(1) Je connaissais alors, dans un rayon de soixante lieues, de quoi construire deux cent cinquante vaisseaux de ligne ; aujourd'hui, dans le même rayon, à peine trouverait-on assez d'arbres pour en construire dix.

La hauteur de la pile des arbres qu'on réserve dessus, est toujours relative à celle de ces taillis et à l'âge auquel on les coupe.

L'enverjure moyenne ou le diamètre de la tête d'un arbre, est toujours en raison de son âge et de la hauteur de sa pile, avec cette modification, que ce qu'un arbre gagne en pile il le perd en tête.

La valeur d'un arbre, lorsqu'il est sain, augmente de prix en proportion croissante de sa hauteur et de la grosseur de sa pile.

Les branches d'un arbre remplacent toujours, même à profit, la portion de taillis que leur ombrage et ses racines ont fait périr. La pile reste conséquemment en bénéfice; et cet aménagement, suivant les localités, double souvent, et au delà, le revenu du fonds. Il résulte de ces principes, qui sont incontestables, puisque c'est l'expérience qui les donne;

1° Que les arbres des taillis de vingt ans et au-dessous, ont peu de pile et beaucoup d'enverjure;

2° Que ceux aménagés à vingt-cinq ans, ont moins d'enverjure et déjà beaucoup plus de pile;

3° Que ceux aménagés au-dessus de cet âge, ont encore beaucoup plus de pile et beaucoup moins d'enverjure.

Or, les arbres qui ont peu d'enverjure portent

peu d'ombre ; et plus leur pile a de hauteur, moins cette ombre est nuisible aux plants voisins.

A la vérité il ne croît point de bois sous la largeur de leurs têtes ; mais les graines germent dessous, et lorsqu'on coupe ces arbres, il arrive presque toujours que la place qu'ils occupaient se trouve la mieux garnie du *recru*.

Il est donc faux que les futaies sur taillis en détériorent le fonds ; il est au contraire très-avantageux d'en réserver sur les taillis, pourvu que ce ne soit pas en trop grande quantité.

D'ailleurs les vuides que l'on attribue aux futaies sur taillis aménagés au-dessus de vingt-cinq ans, ne sont dus à cet aménagement que *lorsqu'il n'a pas été combiné et avec la nature du sol et avec les essences de bois* dont ces taillis sont meublés : car il est de *fait* que, dans un aménagement bien conçu et combiné comme je le propose, il périt en général peu de souches de taillis de trente à soixante-dix ans.

Que toutes celles qui périssent avant cet âge étaient probablement inutiles, *puisque, coupés de trente à soixante-dix ans, suivant la nature du sol et les essences, les bois produisent beaucoup plus relativement, que ceux coupés à vingt-cinq ans et au-dessous.*

Que les *recrus* trop *fourrés* retardent sensiblement le développement des tiges qui doivent

C 4

survivre jusqu'à l'exploitation. Un fait le prouve : c'est l'accroissement marqué que présentent les recrus de six à huit ans, lorsque les propriétaires les font éclaircir à cet âge.

Qu'enfin les graines des *étalons* et des taillis, qui en portent peu à vingt ans et au-dessous, et qui en produisent beaucoup à vingt-cinq et au-dessus, répareront toujours, et au delà du besoin, les souches manquantes, *lorsque les bois seront bien conservés.*

CHAPITRE III.

Aménagement des bois communaux.

PRÉLIMINAIRES.

L'AMÉNAGEMENT des bois communaux devrait être réglé de la même manière que celui des bois nationaux, puisque l'intérêt général et l'intérêt particulier des communes possessionnées sont d'accord dans cette disposition. Cependant, comme beaucoup d'entr'elles possèdent peu de bois, et qu'alors, pour établir cet aménagement, on serait obligé de mettre un intervalle de quelques années dans leurs coupes ordinaires, il est juste de donner à ces communes plus de facilités pour leur jouissance. D'ailleurs il ne faut pas multiplier les transports de l'administration forestière pour des coupes trop petites si elles étaient annuelles.

Mais avant d'indiquer ce que je crois le plus convenable à cet égard, qu'il me soit permis d'établir la nature du droit que les communes possessionnées ont à la jouissance de leurs biens communs, et de réfuter ce qu'en ont dit quelques législateurs : j'espère que l'importance du sujet me fera pardonner cette digression.

§ I. *Quel est le droit des communes à la jouis-sance de leurs biens communaux ?*

Les communes possessionnées, soit en bois, soit en pâturages, n'en jouissent que précairement.

Elles ne peuvent ni les aliéner, ni les échanger, ni les transmettre à titre d'hérédité; elles peuvent louer leurs communes en tout ou en partie, mais chaque *ayant-droit* n'a pas le droit de louer sa portion.

Pour avoir droit à la jouissance des communes, il faut habiter. Ce droit ne suit pas la personne, car si elle quitte les lieux, ou si elle meurt, son droit se perd avec elle.

Il ne suit pas l'habitation, car si un individu réunit plusieurs maisons, il n'a toujours que le droit inhérent à sa personne habitante.

Il ne suit pas l'emplacement de la maison, car si elle brûle, qu'on ne la relève pas et que le possesseur quitte la commune, il perd son droit.

Les biens communs n'appartiennent pas non plus à la masse des propriétés, car si deux mille habitans se réduisaient à un seul, ne fût-il que locataire, il jouirait seul de tout le revenu des biens communs.

Enfin, si cette maison devenait déserte, personne n'aurait le droit de jouir des biens communs, puisque personne n'habiterait ; et *alors l'état rentrerait dans ces biens.*

Les biens communaux sont donc, comme ceux du clergé, des dons ou des usurpations, faits sur le domaine de l'état et les fortunes particulières, mais avec cette différence que les droits de propriété du clergé étaient encore plus étendus que ceux des communes ; car, lorsqu'on réunissait deux communautés religieuses, les biens, par le seul fait de cette réunion, devenaient communs, tandis que si des circonstances quelconques rendaient déserte une commune possessionnée, ses biens étaient dévolus à la nation par le seul fait de la non-habitation.

Il y eut quelques usurpations de la part des communes avant la révolution, mais depuis, elles se sont bien multipliées.

§ II. *Réfutation d'une assertion présentée au Corps législatif.*

On a eu tort de dire, lors de la discussion sur le partage des biens communaux, *que beaucoup de communes avaient acquis les leurs :* j'avance au contraire qu'il n'y en a pas une sur cent cinquante ; mais les communes qui sont dans ce cas sont de véritables propriétaires privés. Aussi, pour avoir droit à la jouissance commune, il ne suffit pas d'habiter, il faut un titre authentique, et ce droit suit alors la personne par-tout où elle va.

§ III. *Priviléges réels des communes posses-sionnées.*

Lors de cette même discusion, quelques légistes ont mis en question, *si les communes qui jouis-saient précairement de biens communaux de-vaient en être déclarées propriétaires, ou si, au contraire, on ne devait pas les regarder comme des corporations privilégiées....* Je ne chercherai point à résoudre ces questions, qui sont cependant d'une assez grande importance ; mais ce que l'on n'a point dit, et ce qu'il fallait dire ; c'est que les bois communaux payent peu d'impôts directs ; c'est que les pâturages com-muns, même ceux déjà partagés, n'en payent point du tout ; c'est que les uns et les autres n'alimentent en aucune manière les impôts in-directs, puisqu'ils ne sont point susceptibles de mutation. Voilà cependant des priviléges qu'il fallait détruire, puisqu'ils occasionnent une aug-mentation d'impôts sur les propriétés privées, tandis qu'en principe ils devraient les supporter également avec elles.

§ IV. *Aménagement.*

Je reviens à l'aménagement des bois commu-naux.

Il y a dans la république environ onze mille

communes possessionnées , dont sept à huit mille le sont en bois.

On estime la quantité de ces bois à deux millions trois cent mille arpens ; pour moi je ne puis l'évaluer à moins de trois millions d'arpens, parce que je suis certain que presque toutes les communes ont fait de fausses déclarations de leurs bois. On m'en a cité une entr'autres qui en possède douze cents arpens, et qui n'en a déclaré que six cents (1).

L'état doit se charger de la conservation des bois communaux ; s'il en étoit autrement, le brigandage et le broutement des bestiaux les auraient bientôt anéantis. Que l'on se transporte dans la fôret d'Orléans, où depuis un siècle le droit de pacage a absolument détruit plus de vingt mille arpens de bois ! Que l'on parcoure les immenses pâturages communs d'ancienne possession, qui ne sont, presque par-tout, que des bois détruits par les mêmes causes ! etc. et l'on se convaincra que je n'exagère pas.

Huit mille communes possessionnées en bois supposent au moins dix mille pièces de bois : leur conservation exigera donc, dans l'organisation

______

(1) En 1780, j'ai vu des bois communaux non réglés. L'ont-ils été depuis ? j'en doute : le hasard voudrait-il que j'eusse vu les seuls dans ce cas ?

forestière, un supplément de chefs-gardes et de gardes.

Quant à leur aménagement, la coupe ordinaire des bois de la première, deuxième, troisième et quatrième classes sera fixée à vingt-cinq ans; celle des bois de la cinquième classe à trente ans; et ceux de la sixième et septième classes à quarante ans, et mieux encore à quarante-cinq ans.

Les réserves qu'il conviendra faire dans ces aménagemens seront les mêmes que celles prescrites dans les aménagemens correspondans des bois nationaux.

Suppression des quarts de réserve. Dans cet aménagement je supprime les quarts de réserve que les communes devaient laisser croître en futaies, et qui n'y arrivaient jamais, parce que des besoins factices ou réels en faisaient obtenir la coupe beaucoup trop tôt.

Moyens proposés pour suppléer cette ressource. Pour suppléer cette ressource dans les besoins réels des communes possessionnées, je les autorise à demander au gouvernement une double ou triple coupe, suivant l'étendue de leurs besoins, mais à la charge et obligation de restituer l'âge d'aménagement adopté, en trois ans pour une double coupe, et en quatre ans pour une triple coupe. Ainsi, par exemple, je suppose la coupe annuelle d'une commune possessionnée, de trente arpens, et que cette commune ait un besoin réel d'une double coupe pour satisfaire à des dépenses d'utilité commune; elle coupera donc cette première année soixante arpens; et pour restituer l'âge d'aménagement des coupes suivantes en trois ans, elle ne pourra couper que vingt arpens chacune des trois années suivantes. Si c'est une triple coupe dont elle a besoin, elle coupera quatre-vingt-dix arpens la première année, et quinze arpens seulement chacune des quatre années suivantes.

Cette diminution sur les coupes ordinaires qui suivront l'anticipation, procurera l'avantage inappréciable de n'abuser jamais, ou seulement le moins possible, des anticipations au préjudice des successeurs et de l'approvisionnement général.

Avantage particulier de ce moyen.

§. V. *Suppression du sartage ou écobuage des coupes ordinaires des bois communaux.*

Depuis environ un siècle, les communes possessionnées de la haute Champagne, du pays de Liége et du Luxembourg sèment des seigles sur le fonds de leurs coupes l'année de l'exploitation, après en avoir pelé et brûlé le gazon. Cet usage désastreux fait périr les glands levés et une partie des souches, éclaircit leurs bois, diminue graduellement leurs produits, et par cela même force à l'inaction les usines qu'ils alimentaient.

Pour arrêter cet abus, mon projet défend à ces communes d'ensemencer leurs bois, et par forme d'indemnité, il leur accorde la faculté d'arracher une superficie égale à trois de leurs coupes annuelles, afin de les partager et les cultiver pour remplacer les récoltes qu'ils retireraient annuellement sur ces coupes.

§. VI. *Nécessité de retirer des communes possessionnées la jouissance directe de leurs bois.*

Si tous les bois de la France étaient dans les mains des communes, les villes ne pourraient pas se procurer la moitié de leur approvisionnement en combustibles, parce que, comme il arrive toujours dans les communes possessionnées, elles ne vendraient de bois que lorsqu'elles en auraient par excès.

En général, *on est prodigue de ce qu'on récolte, et avare de ce qu'on achète.*

Pour forcer les communes possessionnées à l'économie sur cet article, et tirer de leurs bois un superflu notable, je propose de faire vendre leurs bois à l'enchère, dans les mêmes formes que ceux de la nation, à la charge de 20 centimes par franc, payables comptant par l'adjudicataire, dont 18 c. ½ pour frais de conservation, et 1 centime ½ pour le droit de recette du receveur des domaines.

Le principal des adjudications annuelles, et les

20 centimes par franc seront versés dans la caisse des domaines.

Sur le principal le receveur retiendra un quart pour tenir lieu de l'imposition foncière et centimes additionnels des contributions directes de ces bois, et le superflu sera remis à un citoyen solvable, habitant desdites communes possessionnées, pour y être distribué à qui de droit.

Si les communes possessionnées payaient moins que 18 centimes $\frac{1}{2}$ par franc de leurs coupes annuelles pour frais de conservation, le trésor public n'en serait pas suffisamment indemnisé; et si pour le paiement de ces frais, on était obligé de faire des rôles de répartition, il éprouverait de grandes non-valeurs, qui en définitif retomberaient sur les communes non-possessionnées, ce qui ne serait pas juste.

Au surplus, les communes possessionnées payaient au moins autant aux ci-devant maîtrises, leurs gardes compris, que ce que je propose de leur faire supporter dans ce projet, et leurs bois étaient alors plus mal conservés qu'ils ne devront l'être à l'avenir.

D'un autre côté, lorsque l'état avait des besoins extraordinaires, il exigeait de ces communes une subvention extraordinaire tant sur leurs bois que sur leurs pâturages; et je ne vois pas qu'on leur ait rien demandé à ce titre depuis la révolution.

D

CHAPITRE IV.

Aménagement des bois des particuliers.

PRÉLIMINAIRES.

C'est dans la fixation de l'aménagement des bois des particuliers, que le législateur doit craindre de porter atteinte au droit, *trop négligé*, de la propriété.

Néanmoins, dans une société bien organisée, ce droit doit être renfermé dans de sages limites, et la loi punirait certainement l'insensé qui détruirait ses propres moissons, quoique dans cette action il ne fît qu'user du droit de propriété.

Mais dans cet acte il porte atteinte à l'approvisionnement général d'une denrée de première nécessité. Dans ce cas le législateur ne peut être arrêté par un principe dont les conséquences peuvent devenir aussi funestes, et le salut de tous doit être la loi suprême. D'ailleurs *détruire* n'est pas *user.*

Et lorsqu'il est actuellement démontré qu'un aménagement bien conçu tend à l'augmentation du revenu du propriétaire et à celle de l'approvisionnement général, le législateur ne peut plus balancer à l'adopter.

Les bois sont, autant que les grains, d'une nécessité absolue en France. Ce qui le prouve, c'est que par-tout où il en existe de transportables, on peut toujours les échanger contre l'argent.

Cette facilité d'échange a produit et produira constamment ces anticipations et ces abus de jouissance dont on se plaignait avant la révolution, et que l'on *ressentira encore davantage quelques années après la paix.*

Ces anticipations et ces abus ont si considérablement altéré nos ressources en ce genre, que si l'on ne veut pas s'exposer à manquer bientôt absolument de bois, il faut y apporter un prompt remède.

La diminution de la consommation actuelle, résultat du bouleversement des fortunes mobiliaires et de l'état de gêne des fortunes foncières, offre des facilités pour prescrire dès à présent des bornes à la jouissance privée des bois.

Ces bornes doivent se concilier avec l'intérêt général et particulier, c'est-à-dire qu'il faut que le propriétaire puisse *user* de ses bois le plus avantageusement qu'il le croira possible, en remplissant les formalités requises, mais qu'il ne puisse pas en *abuser.*

Pour parvenir à ce résultat, voici les moyens que je propose :

Aménagement.

1º Exiger des propriétaires, une déclaration circonstanciée de leurs bois ;

2° Fixer l'aménagement de ces bois à vingt-cinq ans au moins, ou à un âge plus avancé s'ils le jugent convenable; à moins que des circonstances locales n'exigent un aménagement plus rapproché;

3° Déterminer le nombre des baliveaux et réserves des différens âges qu'ils devront laisser sur leurs coupes annuelles;

4° Interdire tout pâturage dans leurs bois;

5° Ne permettre aux propriétaires privés aucune anticipation de coupes, sans déclaration préalable à l'administration forestière de leur arrondissement, et qu'à la charge de restituer l'âge d'aménagement qu'ils auront adopté, en trois ans pour une double coupe, et en six ans pour une triple, etc., en usant moins chaque année;

6° Mettre leurs bois sous la surveillance générale des administrations forestières, pour assurer l'exécution de ces dispositions.

PROJET

DE

CODE FORESTIER.

TITRE PREMIER.

Organisation forestière.

SECTION PREMIÈRE.

Divisions forestières.

ARTICLE PREMIER.

La République française est partagée en cinquante *conservations forestières* (c'est-à-dire
qu'il y aura une conservation forestière pour
deux départemens).

I I.

Chaque conservation sera divisée en autant
d'arrondissemens forestiers qu'elle se trouvera
contenir de fois quarante à cinquante mille arpens de bois nationaux ou communaux.

I I I.

Chaque arrondissement sera subdivisé en autant de *cantonnemens* qu'il contiendra de fois dix à douze mille arpens de bois nationaux ou communaux.

I V.

Chaque cantonnement sera divisé en *triages* de deux mille cinq cents à trois mille arpens de bois nationaux ou communaux.

V.

Chaque triage sera subdivisé en *gardes* plus ou moins étendues suivant les localités, et proportionnées à ce qu'un garde peut surveiller exactement et visiter journellement. ·

La moindre garde sera de quatre cents arpens de bois nationaux ou communaux, si cette quantité se trouve disséminée, ou si, plus rassemblée, elle est voisine de communes plus ou moins populeuses.

Elle sera de cinq à six cents arpens, si ces bois sont plus rapprochés.

Elle sera de six à sept cents arpens dans des pièces de douze cents à deux mille arpens.

Elle sera de huit à neuf cents arpens dans des pièces de deux à trois mille arpens.

Elle sera de neuf cents à mille arpens dans des pièces de trois à quatre mille arpens.

Elle sera de mille à onze cents arpens dans des pièces de quatre à six mille cinq cents arpens.

Enfin elle sera de douze cents arpens dans des pièces encore plus grandes.

V I.

Les conservations, arrondissemens, cantonnemens, triages et gardes, seront distingués par des numéros d'ordre.

S E C T I O N I I.

Nombre et désignation des différens fonctionnaires forestiers.

A R T I C L E P R E M I E R.

Il sera établi à Paris une administration centrale forestière (1) composée de trois administrateurs généraux.

I L.

Il y aura *un conservateur forestier* par chaque conservation. Ce conservateur correspondra avec

---

(1) On pourrait à la rigueur se passer de cette administration centrale forestière ; un conseiller d'état en tiendrait lieu , et ferait au conseil tous les rapports relatifs à l'administration forestière. Il remplacerait l'ancien intendant des finances , chargé de cette attribution.

Le ministre des finances aurait la surveillance des fonds.

l'administration centrale forestière ou avec le conseiller d'état qui en aura l'attribution.

I I I.

L'administration forestière de chaque arrondissement sera composée d'un *agent forestier* (1), d'un *inspecteur*, d'un *secrétaire-greffier* et de deux *arpenteurs*. Cette administration correspondra avec son conservateur par l'entremise de l'agent forestier.

I V.

Il y aura par cantonnement un sous-inspecteur à cheval qui correspondra avec l'agent forestier de son arrondissement.

V.

Il sera attaché à chaque triage un *chef-garde* à

---

(1) Il serait à désirer que l'on pût ajouter au nombre des administrateurs forestiers de chaque arrondissement, *un adjoint* à l'agent pour l'aider dans le contentieux, lorsqu'il est présent, et le suppléer pendant ses longues absences dans la réception des rapports, suites à donner aux jugemens, condamnations, etc. Cet adjoint lui serait d'ailleurs infiniment utile dans les nombreuses recherches à faire pour le maintien, la conservation et la réintégration des propriétés de la nation.

Je le crois nécessaire, et 6 à 700 fr. de traitement seraient bien compensés, et au delà, par les grands services qu'il pourrait rendre.

pied, qui surveillera et commandera le nombre de gardes nécessaires à la conservation des bois, chasses et pêches de son triage.

Ce chef-garde correspondra avec le sous-inspecteur de son cantonnement.

Les gardes de chaque triage correspondront avec leur chef-garde.

SECTION III.

Résidence des fonctionnaires forestiers.

ARTICLE PREMIER.

Les conservateurs résideront dans l'étendue de leurs conservations.

II.

Lés agens forestiers, inspecteurs et secrétaires-greffiers résideront dans le chef-lieu de leurs arrondissemens respectifs. Ce chef-lieu sera fixé auprès du tribunal de police correctionnel de leur arrondissement.

III.

Les sous-inspecteurs résideront dans les chefs-lieux de leurs cantonnemens respectifs.

IV.

Les chefs-gardes résideront dans leurs triages respectifs.

V.

Les gardes résideront le plus près possible de leurs gardes particulières.

V I.

. Les arpenteurs résideront dans l'étendue des arrondissemens auxquels ils seront attachés.

SECTION IV.

Nomination aux places de l'administration forestière.

ARTICLE PREMIER.

La constitution attribue au premier consul de la République la nomination de toutes les places de l'administration forestière.

Il pourra cependant déléguer aux conservateurs, chacun dans leur ressort, la nomination des chefs-gardes et des gardes forestiers.

I I.

Les administrateurs généraux forestiers (si on en établit) seront choisis parmi les anciens administrateurs forestiers, les anciens officiers de maîtrises, et les hommes qui auront donné des preuves de grandes connaissances dans la partie des forêts. Ils seront âgés de quarante ans au moins.

(59)

I I I.

Les conservateurs seront choisis parmi les anciens administrateurs réunissant à dix années d'exercice dans l'administration forestière, la probité et les talens nécessaires à ces importantes fonctions. Ils seront au moins âgés de trente-cinq ans.

I V.

Les agens forestiers seront choisis parmi les anciens administrateurs probes, ayant huit années d'exercice, qui auront montré des talens, du zèle, de l'activité. Ils seront au moins âgés de trente ans.

V.

Les inspecteurs et sous-inspecteurs seront choisis de préférence parmi les anciens administrateurs ayant six et quatre années d'exercice, et à leur défaut, parmi les citoyens qui réunissent à une probité reconnue, des connaissances théoriques et pratiques dans cette partie. Ils seront au moins âgés de vingt-cinq ans.

V I.

Les secrétaires-greffiers seront pris de préférence parmi les anciens secrétaires-greffiers des maîtrises, et à leur défaut parmi les citoyens aptes à ces fonctions. Ils seront âgés de vingt-cinq ans au moins.

V I I.

Nul ne pourra être admis à une place de chef-garde, ni même à une place de garde forestier, 1° s'il n'est âgé de vingt-cinq ans accomplis; 2° s'il ne sait lire et écrire correctement; 3° s'il ne justifie par un certificat authentique visé de citoyens connus et probes, de sa probité, bonne conduite, santé et capacité.

V I I I.

Les arpenteurs seront choisis parmi les plus habiles et les plus probes des citoyens de cette profession.

I X.

Les *commissions* ou *provisions* des conservateurs seront enregistrées par extrait aux différens greffes des administrations forestières, des tribunaux civils et de police correctionnelle, et aux secrétariats des autorités civiles de leurs conservations respectives;

Celles des agens, inspecteurs, secrétaires-greffiers et arpenteurs, aux différens greffes et secrétariats de leurs arrondissemens respectifs.

Il en sera de même pour les sous-inspecteurs et pour les chefs-gardes et gardes.

Le tout sans frais.

SECTION V.

Cautionnemens.

ARTICLE PREMIER.

Le cautionnement des conservateurs
sera de   25,000 fr.

Celui des agens forestiers sera de   10,000
Celui des inspecteurs, de   8,000
Celui des secrétaires-greffiers, de 6,000
Celui des sous-inspecteurs, de   3,000
Celui des arpenteurs, de   1,200
Celui des chefs-gardes, de   500
Et celui des gardes, de   300

II.

Ces cautionnemens seront en immeubles.

SECTION VI.

Traitemens.

ARTICLE PREMIER.

Les traitemens des fonctionnaires forestiers
sont fixés ainsi qu'il suit, savoir :

Aux conservateurs, y com-
pris les frais de bureaux, de   5,400 fr. à 6,200 fr.
Aux agens forestiers, de   2,400   à 2,600

Aux inspecteurs, de   1,800 fr. à 2,200 fr.
Aux greffiers, de   1,200   à 1,600
Aux arpenteurs, y compris
frais de layeurs, jalonneurs et
porte-chaînes, de   900   à 1,100
Aux sous-inspecteurs, de   1,200   à 1,400
Aux chefs-gardes, de   550   à 650
Aux gardes, de   375   à 425

I I.

Ces traitemens seront divisés par classes, et déterminés pour chaque fonctionnaire forestier, suivant les localités et la quantité de bois comprise dans son arrondissement.

I I I.

La moitié des amendes sera partagée entre les sous-inspecteurs, chefs-gardes et gardes. Un quart de cette moitié sera pour les sous-inspecteurs; le surplus sera partagé entre les chefs-gardes et les gardes, au marc la livre de leurs traitemens.

I V.

Les agens, inspecteurs, greffiers et sous-inspecteurs auront droit à une gratification pour le classement et aménagement général des bois nationaux et communaux, ainsi que pour leur assistance à la reconnaissance et abornement des pièces.

Il en sera de même pour les arpenteurs, à l'égard des pièces dont il sera nécessaire de faire un arpentage et d'en dresser des plans.

Ces gratifications seront proportionnées à la quantité et à la nature des opérations.

V.

Les traitemens ci-dessus seront spécialement affectés sur le produit des deniers pour livre des adjudications de toute nature, et sur celui de la moitié réservée du montant des amendes et confiscations, et subsidiairement sur le produit des bois.

SECTION VII.

Dispositions générales et transitoires.

ARTICLE PREMIER.

Les pères, fils, frères, beaux-frères, oncles et neveux des conservateurs, ne pourront remplir aucunes places forestières dans l'étendue de leurs conservations respectives.

II.

Les pères, fils, frères, beaux-frères, oncles et neveux des agens forestiers, inspecteurs et greffiers, ne pourront être employés simultanément dans le même arrondissement.

I I I.

Il en sera de même pour les sous-inspecteurs, chefs-gardes et gardes, dans l'étendue de leurs cantonnemens et triages respectifs.

I V.

Avant d'entrer en fonctions, chaque membre de l'administration forestière sera tenu de faire, devant les tribunaux les plus voisins, la promesse que la loi exige de tous les fonctionnaires publics.

V.

Les fonctions de l'administration forestière sont incompatibles avec toute autre fonction publique.

V I.

Il est interdit à tous les administrateurs forestiers, quelle que soit leur dénomination,

1º La faculté de tenir ou posséder, directement ou indirectement, dans le ressort de leurs arrondissemens, aucune usine à feu, ni celles qui convertissent des bois en grume, ou équarris en sciages ;

2º Celle de faire directement ni indirectement le commerce de bois sur pied ou autrement, dans quelqu'arrondissement que ce soit ;

3º Celle d'être caution, ou certificateur de caution, ou renfort de caution, d'aucun adjudicataire de bois nationaux ou communaux.

Enfin il est expressément défendu aux sous-inspecteurs, chefs-gardes et gardes, 1º de tenir auberge, 2º de vendre aucunes boissons en détail, 3º d'être garde-ventes, facteurs, ou commis d'aucun exploitant.

V I I.

En attendant que les administrateurs forestiers, créés par la présente loi, puissent entrer en activité, les administrateurs forestiers actuels continueront leurs fonctions.

V I I I.

Toutes lois, ou dispositions de lois contraires à la présente demeurent abrogées.

E

PROJET

DE

CODE FORESTIER.

TITRE TROISIÈME.

Aménagement des bois et forêts.

SECTION I.

Aménagement des bois nationaux.

ARTICLE PREMIER.

Tous les bois nationaux, à quelque titre qu'ils appartiennent au domaine national, tous ceux tenus à titre de *gruerie, graïrie, segraïrie, tiers et danger,* et même ceux possédés par indivis, et tous autres où il peut avoir des droits présens ou éventuels, seront aménagés ainsi qu'il va être prescrit.

II.

Ces bois étant situés sur des sols de diverses qualités, seront classés et réglés pour être exploités à différens âges. Ces classes seront au nombre de sept.

III.

Pour établir l'uniformité dans cette classification, les administrations forestières seront te-

nues de se conformer à l'instruction qui leur sera
envoyée à cet effet.

I V.

Les administrations forestières procéderont à
cette opération importante aussitôt que l'ordre
leur en sera transmis par le conservateur de leur
arrondissement.

V.

Elles rendront compte, de mois en mois, à l'autorité qui leur sera indiquée, du progrès de ces
travaux, et lui enverront expédition des procès-
verbaux des opérations déjà faites à mesure de
leur confection.

V I.

Les minutes de ces procès-verbaux seront dé-
posées au greffe de l'arrondissement, et il en sera
envoyé une expédition au conservateur, indé-
pendante de celle envoyée à l'autorité supérieure.

V I I.

Dans la rédaction des procès-verbaux de classement, les administrations forestières inséreront
les remarques qu'elles seront tenues de faire sur
l'humidité des différens sols, sur le tort qu'y font
les eaux, soit par leur stagnation, soit par leur ra-
pidité, et ils indiqueront les moyens d'y remédier.

V I I I.

Les première, deuxième et troisième classes

comprendront tous les bois situés sur les terreins plus ou moins mauvais. Ces bois seront aménagés à vingt-cinq ans.

Sur les bois de la première classe, on réservera, lors de leurs coupes annuelles, vingt-quatre baliveaux par arpent, de l'âge du taillis, lesquels seront vendus lors de la coupe suivante.

Sur les bois de la deuxième classe, on réservera vingt-quatre baliveaux de l'âge par arpent, et quatre seulement de deux âges.

Sur les bois de la troisième classe, on réservera vingt baliveaux de l'âge par arpent, huit de deux âges, et quatre de trois âges.

I X.

La quatrième classe comprendra tous les bois situés sur des sols un peu au-dessous du médiocre.

Lorsque le chêne y dominera, ils seront aménagés à trente-cinq ans.

Si les autres essences y dominent, ils le seront à trente ans.

Il sera réservé sur les bois de cette classe, lors de leurs coupes, seize baliveaux de l'âge par arpent, huit de deux âges, quatre de trois âges, deux de quatre âges et un de cinq âges.

X.

La cinquième classe comprendra les bois situés sur des sols médiocres.

Lorsque le chêne, le frêne, le hêtre, le châ-taignier et l'orme domineront ensemble ou sé-parément sur ces bois, ils seront aménagés à cinquante ans.

Si le charme ou les bois blancs y dominent, ils le seront à quarante ans.

Dans le cas de l'aménagement à cinquante ans, on réservera par arpent sur ces bois, lors de leurs coupes, seize baliveaux de l'âge des taillis, huit de deux âges, et quatre de trois âges.

Dans le deuxième, on réservera seize baliveaux de l'âge par arpent, huit de deux âges, quatre de trois âges et un de quatre âges.

X I.

La sixième classe comprendra les bois situés sur de bons fonds.

Si le chêne et les autres essences dures et bonnes dominent ensemble ou séparément sur le charme et les bois blancs, ces bois seront aménagés à soixante ans.

Si ces derniers bois dominent sur les premiers, ils le seront à cinquante ans.

Dans le premier cas on réservera, par arpent, seize baliveaux de l'âge, huit de deux âges, quatre de trois âges et deux de quatre âges.

Dans le deuxième on réservera seize baliveaux de l'âge, huit de deux âges, quatre de trois âges, deux de quatre âges et un de cinq âges.

X I I.

La septième classe comprendra les bois situés sur les meilleurs fonds.

Si le chêne et les autres essences dures y dominent sur le charme et les bois blancs, ces bois seront aménagés à soixante-dix ans.

Si ces dernières essences y dominent, ils le seront à soixante ans.

Si le bouleau y domine, ils le seront à cinquante ans.

Dans le premier cas on réservera, par arpent, seize baliveaux de l'âge, huit de deux âges et quatre de trois âges.

Dans le deuxième, seize baliveaux de l'âge, huit de deux âges, trois de trois âges et un de quatre âges.

Dans le troisième, seize baliveaux de l'âge, huit de deux âges, quatre de trois âges et un de quatre âges.

X I I I.

Les baliveaux des quatre premières classes seront pris essence de chêne, de brin et non sur souche, et choisis parmi les plus beaux, les mieux venans, les plus sains et les plus robustes.

Ceux des cinquième, sixième et septième classes seront pris, savoir : les trois quarts au moins essence de chêne, choisis de la même manière, et l'autre quart en frênes, hêtres, ormes ou châtaigniers.

X I V.

Les arbres sur-âgés des deuxième, troisième et quatrième classes seront tous en essence de chêne, autant que faire se pourra, ainsi que ceux des cinquième, sixième et septième classes, et choisis parmi les plus sains, les mieux venans et les plus élevés.

X V.

Il sera en outre réservé sur les bois des cinquième, sixième et septième classes, deux à trois baliveaux de bois blancs par arpent, essence d'ypréau, tremble ou bouleau, et à leur défaut, essence de tilleul. Ces baliveaux feront toujours partie de la coupe suivante.

X V I.

Dans toutes ces réserves, lorsque les arbres de cinq âges à réserver ne se trouveront pas sur les coupes, ils seront suppléés par autant d'arbres de quatre âges; au défaut de ces derniers, par autant d'arbres de trois âges qu'il en est exigé pour les réserves de quatre et de cinq âges, et suppléés ainsi de suite jusque par des baliveaux, de manière que le nombre total des réserves prescrites pour chaque aménagement se trouve toujours complet.

X V I I.

Au cas où, dans une même pièce, ou dans plusieurs pièces contiguës, il se trouverait des bois des
quatre premières classes, et que ceux des trois
premières soient en plus grande quantité que ceux
de la quatrième, l'aménagement en sera fixé à
vingt-cinq ans. Si ceux de la quatrième sont en
plus grande quantité, cet aménagement sera déterminé à trente ans.

Il en sera de même pour les autres classes.

X V I I I.

Lorsque les bois seront en grandes masses,
on proportionnera le nombre des ventes annuelles à leur étendue, et aux besoins des usines
et des communes riveraines.

Les ventes dont tout le produit se conduit sur
les ports des rivières navigables, à quelques dis-
tances qu'elles en soient éloignées, devront contenir plus d'arpens que celles dont le produit se
consomme dans le pays même.

X I X.

Au cas où il serait profitable au trésor public
de partager en plusieurs ventes la coupe annuelle d'une même pièce de bois, et que ces
portions de ventes réunies ne produiraient pas

une quantité de quinze arpens au moins, l'aménagement de ces bois sera toujours subordonné
à la qualité du sol, ainsi qu'il a été prescrit ci-
dessus ; mais au lieu d'en couper annuellement
des quantités aussi petites, on arrangera cet
aménagement pour n'établir les coupes ordinaires
que de deux ou trois, ou quatre années l'une,
suivant les localités.

X X.

Si par la suite on apercevait dans le classement de quelques bois des méprises ou des er-
reurs préjudiciables à l'intérêt national, l'administration forestière de l'arrondissement en don-
nera sur le champ avis à l'autorité supérieure,
pour en obtenir l'autorisation de les rectifier.

X X I.

Sont exceptés de l'aménagement ci-dessus prescrit, les bois nationaux ou communaux plantés
en châtaignier, ou en frêne dans les lieux où on
est dans l'usage de les exploiter de douze à vingt
ans, pour y faire du cerceau.

X X I I.

Sont encore exceptés de cet aménagement les
parcs, jardins et bosquets clos de murs et dépen-
dans des maisons nationales situées dans un rayon
de six lieues autour de Paris.

XXIII

Lorsque les finances de l'état exigeront des coupes extraordinaires, elles ne pourront avoir lieu qu'en vertu d'une loi, et avec la clause expresse de restituer l'âge d'aménagement de ces coupes, savoir : pour une coupe extraordinaire en trois ans, pour deux coupes en cinq ans, pour trois coupes en six ans, en coupant moins chaque année pendant les trois, cinq ou six années suivantes, suivant les cas.

XXIV.

Toute administration forestière qui permettra ou qui souffrira l'anticipation d'aucunes coupes, autrement qu'en vertu d'une loi *ad hoc*, encourra l'amende de 6,000 fr., et autant en restitution envers le trésor public ; et en cas de récidive, même amende et restitution, et la peine de la destitution.

XXV.

Toute administration forestière qui, après une anticipation duement autorisée dans son arrondissement, ne restituerait pas l'âge d'aménagement déterminé pour les bois dans lesquels elle a eu lieu, dans les tems prescrits ci-dessus, encourra l'amende de 3,000 fr., et en cas de récidive, la même amende, et en outre la peine de la destitution.

X X V I.

Les forêts nationales sont inaliénables, à l'exception des bois contenant au-dessous de cent arpens, et éloignés de plus d'une demi-lieue d'autres bois. En conséquence il ne pourra en être vendu à l'avenir, sans avoir pris l'avis motivé et circonstancié des administrations forestières et de leur conservateur, à peine de nullité de ces ventes, et de responsabilité contre les administrations venderesses ou conservatrices.

X X V I I.

L'ordre des coupes de chaque forêt sera établi de manière qu'elles se suivent, à commencer par les parties les plus âgées jusqu'aux moins âgées, à moins que des réunions de pièces ou des jardinages précédens, ou d'autres causes, ne forcent à l'intervertir.

Cet ordre une fois établi, quel qu'il soit, les administrations forestières ne pourront le changer, ni augmenter ou diminuer le nombre des arpens de chaque coupe, à peine de nullité des adjudications, et de 3,000 fr. d'amende; et en cas de récidive, de la même amende et de la destitution.

X X V I I I.

Si, par le nouvel aménagement des pleines futaies, on craignait dans certaines localités d'offrir trop de bois à la consommation, les administrations forestières sont tenues d'en prévenir leur conservateur, qui se fera autoriser à réduire l'ordinaire d'après l'étendue des besoins des consommateurs, ou à choisir cet ordinaire dans les parties les moins productives.

XXIX.

Toute administration qui se permettra de délivrer des arbres de trois, quatre et cinq âges, lors du martelage, au préjudice de la réserve qui doit être faite, sera punie, comme les délinquans ordinaires, par voie de police correctionnelle, et l'administrateur, porteur du marteau, sera destitué.

XXX.

Dans les pièces de bois autrefois aménagées au-dessous de vingt-cinq ans, l'on n'en pourra asseoir que la vingt-cinquième partie de chaque pièce, à commencer dès les prochaines ventes.

Dans les bois autrefois aménagés à vingt-cinq ans, et dont les anticipations de coupes ont avancé l'âge d'aménagement, on commencera à le restituer dans la proportion de ce qu'il aura perdu, à dater des assiettes prochaines (1).

____

(1) Exemple, soit un bois de cinq cents arpens, au-

Les agens et inspecteurs forestiers sont autorisés à présumer provisoirement la classe dans laquelle devront être placés ces bois, afin d'y proportionner le nombre et l'espèce des réserves.

X X X I.

Jusqu'à l'époque où le nouvel aménagement des forêts nationales sera déterminé, les coupes ordinaires continueront d'être prises dans les bois les plus âgés, et en nombre d'arpens égal à l'ancien usage, sauf les exceptions portées à l'art. XXX. Elles ne pourront être augmentées sans une loi expresse, sous peine de responsabilité.

Les baliveaux et les arbres de réserve seront marqués conformément à ce qui est prescrit par le nouvel aménagement, pour le nombre, les essences et les âges.

---

trefois aménagé à vingt-cinq ans, et qu'il ait supporté trois coupes ordinaires d'anticipation : sa coupe ordinaire était de vingt arpens ; c'est donc soixante arpens que l'on a coupés de trop ; et pour restituer, conformément à l'article XXIII de la présente section, l'âge d'aménagement de ce bois, dans les six années suivantes, la coupe ordinaire de ces six années ne sera que de dix arpens par an.

SECTION II.

Aménagement des bois résineux.

ARTICLE PREMIER.

Les forêts ou buissons plantés en mélèse, seront aménagés à cent ans.

Les forêts ou buissons plantés en pins, seront
aménagés à quatre-vingts ans.

Tout éclaircissement ou jardinage est interdit
dans ces forêts ou buissons.

I I.

Il sera réservé sur les coupes ordinaires que
l'on en fera, vingt-quatre baliveaux par arpent,
pris de préférence parmi les plants de six à quinze
ans, et au-dessus à défaut de plus jeunes, pour
servir d'étalons : ils seront choisis parmi les plus
sains et les mieux conditionnés.

I I I.

Si des forêts, ou parties de forêts, présentaient
des pentes rapides et sans accès aux voitures, il
sera établi, d'espace à autre, des passes libres
et dégagées de baliveaux, afin de pouvoir faciliter
le roulage ou la descente des arbres.

I V.

Lorsque les forêts de bois résineux n'auront

pas une étendue assez notable pour être exploitées en quatre-vingts ou cent coupes, on les divisera en moins de coupes ; elles n'auront lieu que de plusieurs années l'une, suivant l'étendue de ces forêts, et les besoins des lieux voisins.

V.

Dans ceux où le besoin des vignobles demandera un aménagement plus rapproché, il sera ordonné sur les observations des administrations forestières.

V I.

On ne pourra extraire d'huiles végétales des mélèses et des pins, ni enlever leurs graines, sans l'autorisation expresse, par écrit, du conservateur.

SECTION III.

Aménagement des bois communaux et des hospices.

ARTICLE PREMIER.

Les bois communaux et ceux des hospices seront classés, comme les bois nationaux, par les administrations forestières.

I I.

Ceux de la première, deuxième, troisième,

quatrième et cinquième classes, seront aménagés à vingt-cinq ans.

Ceux de la sixième et septième classes seront aménagés à quarante-cinq ans.

I I I.

Pour le balivage et les réserves des bois communaux et des hospices, à marquer sur ceux des première, deuxième, troisième et quatrième classes, les administrations forestières se conformeront aux dispositions des articles VIII et IX du titre III, section Iere du présent code.

Sur les bois de la cinquième classe on réservera, par arpent, seize baliveaux de l'âge, huit de deux âges, quatre de trois âges, deux de quatre âges, et un de cinq âges.

Sur ceux de la sixième et septième classes, on réservera, par arpent, seize baliveaux de l'âge, huit de deux âges, quatre de trois âges, deux de quatre âges, un de cinq âges; plus, quatre baliveaux de bois blancs, essence d'ypréau, tremble ou bouleau, qui feront toujours partie de la coupe suivante.

I V.

Les dispositions des articles XIII, XIV, XVI et XVII du présent titre, section Iere, sont applicables aux bois des communautés et des hospices, ainsi que celles des articles XX, XXIV, XXVII et XXIX de la même section.

F

V.

Si des communes possessionnées ou les hospices avaient plusieurs pièces de bois sur un même terroir, et qu'elles fussent de classes differentes, l'âge de leur aménagement sera toujours déterminé par les classes dominantes.

V I.

Lorsque, par la division de l'âge des coupes, chacune d'elles se trouvera au-dessous de cinq arpens, il ne sera fait de délivrance que de deux ans l'un.

V I I.

Les bois communaux et des hospices, plantés en bois résineux, seront aménagés comme ceux de la nation.

Au-dessous de trois arpens, les coupes annuelles n'auront lieu que de deux ans l'un.

V I I I.

Les quarts de réserve sont supprimés. Leur superficie sera réunie aux autres bois, et comme eux, divisée en coupes ordinaires.

I X.

Lorsque les communes et les hospices auront des besoins réels, reconnus par les administrations forestières pour cause d'utilité commune, elles se pourvoiront auprès du conseil d'état, à l'effet d'obtenir l'autorisation d'anticiper le nombre de coupes qui leur sera nécessaire, avec soumission de restituer l'âge d'aménagement de leurs bois, en trois ans pour une coupe extraordinaire, en quatre ans pour deux coupes, en six ans pour trois coupes, et en sept ans pour quatre coupes (1).

X.

La loi qui permettra les anticipations, fera mention de l'obligation de la part des communes d'en restituer l'âge d'aménagement, et les administrations forestières seront tenues de la faire exécuter.

X I.

Il est défendu de brûler, cultiver ni semer aucuns grains, grenailles ou autres plantes sur le fonds des bois, dans quelques circonstances que ce soit, sous peine de cent fr. d'amende par arpent, exigibles solidairement de toute la commune délinquante.

X I I.

Les communes qui étaient dans cet usage, pour-

---

(1) Cette manière de jouir présente un avantage que les quarts de réserve n'ont pas : lorsqu'ils sont une fois coupés, les communes se trouvent trente ou quarante ans sans ressources extraordinaires, au lieu que le moyen d'anticiper les coupes existe toujours.

ront se pourvoir devant l'autorité supérieure, pour en obtenir l'autorisation d'arracher les bois des trois coupes situées sur le meilleur fonds, et de les partager pour les cultiver.

X I I I.

Nulle demande de cette nature ne sera accueillie si elle n'est appuyée de l'avis de l'administration forestière de l'arrondissement, et de son conservateur; et l'arrachement ne pourra être effectué que sur le vu de la loi qui le permettra.

X I V.

La conservation des bois communaux et des hospices est confiée à l'administration forestière. Elle en prendra les mêmes soins que des bois nationaux, et la même police y sera observée.

X V.

Les coupes ordinaires et extraordinaires de ces bois seront vendues par lesdites administrations forestières, dans la forme prescrite pour celles des bois nationaux; et pour couvrir les frais de conservation et d'affiches, les coupes des communes seront assujetties à une retenue de 20 centimes par franc, payables comptant par les adjudicataires.

Pour celles des hospices, elles ne seront assujetties qu'au remboursement des frais d'affiches.

(85)

X V I.

Il sera en outre retenu sur le principal des coupes ordinaires et extraordinaires des communes, le quart de son montant pour la contribution foncière et accessoirs de leurs bois ; le surplus sera versé par le receveur des domaines es-mains des trésoriers de ces communes, pour être distribué à qui de droit.

X V I I.

Dans les cas d'anticipations de coupes , ce surplus sera payé aux entrepreneurs des travaux pour lesquels elles auront été obtenues, sur les ordonnances des conservateurs et jusqu'à due concurrence; et s'il reste ensuite un excédent , il sera remis aux trésoriers des communes, pour être aussi distribué à qui de droit.

X V I I I.

Quant aux deniers provenant des anticipations des hospices, ils seront remis sans retenue à leur administration.

X I X.

Quoique la contribution foncière des bois communaux soit perçue par retenue sur le produit de leurs coupes, ces bois continueront néanmoins d'être portés sur les états de section, matrices de rôle et rôles, mais pour *mémoire*.

X X.

Toute commune ou membre de commune possessionnée, qui se permettraient de commettre des délits dans leurs propres bois, seront punis comme des délinquans ordinaires.

X X I.

La chasse et les fruits des bois communaux et des hospices appartiennent à la République.

SECTION IV.

Aménagement des bois des particuliers.

ARTICLE PREMIER.

Les propriétaires de bois, soit en taillis ou gaulis, soit en futaies, sont individuellement tenus d'en faire la déclaration au greffe forestier de leur arrondissement, sous peine d'un franc d'amende par arpent.

Sont exceptées de cette déclaration les pièces au-dessous de quatre arpens, lorsqu'elles seront isolées, et les autres bois désignés en l'article XIII de la présente section.

I I.

Cette déclaration sera faite dans les trois mois de la publication du présent code, sur papier mort, et contiendra, 1° le nom de la commune et du finage de leur situation; 2° la contenance de chaque pièce; 3⁹ la bonne, médiocre ou mauvaise qualité du fonds; 4° l'âge auquel on les exploite, si cet âge passe vingt-cinq ans; 5° si ces bois sont ou non en coupes réglées.

I I I.

L'aménagement de tous ces bois est réglé à vingt-cinq ans, sans pouvoir être plus rapproché; mais les propriétaires pourront en adopter un plus reculé.

I V.

Le nombre des baliveaux et des arbres sur-âges, à réserver par arpent sur les mauvais et les médiocres fonds, sera le même que celui prescrit pour les bois nationaux des cinq premières classes.

Sur les fonds des sixième et septième classes, on réservera, par arpent, seize baliveaux de l'âge, huit de deux âges, quatre de trois âges, trois de quatre âges, deux de cinq âges et un de six âges.

V.

Les dispositions de l'article XVI du titre III, section Iᵉʳᵉ du présent code, sont applicables aux bois des particuliers.

V I.

Lorsque le propriétaire voudra faire des doubles ou triples coupes, il en fera la déclaration au greffe forestier dans l'arrondissement duquel se trouvent ses bois, avec soumission de restituer en trois ans l'âge de chaque coupe anticipée, en coupant moins chaque année suivante. Ces anticipations ne pourront excéder les six vingt-cinquième de la totalité des bois ; et on ne pourra anticiper de nouveau qu'après la restitution complète de leur âge d'aménagement.

V I I.

Tout exploitant, quel qu'il soit, qui se permettra de couper des bois au-dessous de vingt-cinq ans d'âge, sans l'autorisation légale et formelle, ou qui n'y laissera pas le nombre des baliveaux et des réserves, prescrit articles IV et V ci-dessus, encourra les peines prononcées article du titre   , section   ; et quelles que soient les stipulations de son traité, il ne pourra prétendre à cet égard aucune indemnité contre le propriétaire vendeur.

Si c'est le propriétaire même qui exploite, il sera soumis aux mêmes peines en cas de contravention à cet article.

V I I I.

Le propriétaire qui voudra vendre ou faire couper des futaies pleines ou sur taillis, gaulis ou autres arbres épars, sera tenu d'en faire la déclaration, trois mois d'avance, au greffe forestier de son arrondissement, avec l'indication de la grosseur approximative du plus petit et du plus gros de ces arbres, afin que les agens de la marine et de l'artillerie soient instruits de ces coupes.

Les bois soumis à cette déclaration, sont le chêne, le frêne, l'orme, le noyer, le pin et le mélèse.

Cette déclaration ne sera d'ailleurs exigible que lorsque les *ventes* présenteront plus de dix arbres à couper.

I X.

Les administrations forestières sont expressément chargées de veiller à l'exécution de ces dispositions, avant, dans le cours et après l'exploitation des ventes en usances.

Elles pourront aussi visiter les autres bois, afin de voir si leur conservation est soignée, notamment celle des jeunes recrus.

Tout empêchement mis à leurs visites et vérifications sera puni ainsi qu'il est dit au titre des peines et amendes, article . . .

X.

La chasse et les fruits des bois appartiennent exclusivement au propriétaire. On ne peut y prendre part sans sa permission expresse, mais

(90)

il est responsable des délits marquans, occasionnés par le gibier.

La chasse peut s'exercer ou se louer, mais elle
ne peut s'aliéner qu'avec le fonds.

X I.

Sont sujets à l'aménagement prescrit, tous les
bois tenant à d'autres, quelle que soit leur étendue (1), ainsi que les pièces de quatre arpens et
au-dessus lorsqu'elles sont isolées.

X I I.

Sont exceptés de l'aménagement les bois des
parcs, jardins et bosquets fermés, les haies, li-
sières et bordures, ainsi que les pleins bois isolés
au-dessous de quatre arpens, en ce qui regarde
la coupe des taillis seulement ; pour celle des
arbres et des futaies, elle est assujettie aux dispositions de l'article VIII de la présente section.

Seront encore dispensés de l'aménagement les
bois plantés en châtaignier, lorsque l'usage est
de les convertir en paisseau et en cerceau, et ceux
des première, seconde et troisième classes, lorsqu'on est dans l'usage de les convertir en fagots

____

(1) Les petites pièces appartiennent ordinairement
aux petits propriétaires. Il les font pâturer, les ruinent
bientôt, et détruisent ensuite les bois de leurs voisins,

ou en paisseau ; mais on doit toujours laisser sur ces derniers seize baliveaux par arpent, ainsi que sur les bois plantés en frêne.

X I I I.

Tout propriétaire est libre de diviser ses bois en coupes annuelles, ou de n'en couper que tous les deux ou trois ans, ou même en une seule année, pourvu qu'à ces époques ils soient âgés de vingt-cinq ans au moins.

X I V.

Nul propriétaire ne peut arracher ses bois sans y être autorisé par une loi expresse, rendue sur l'avis motivé des administrations forestières, à moins que ces bois ne soient isolés et d'une superficie inférieure à un arpent.

X V.

Le pâturage est défendu dans les bois de tous âges, à tous les bestiaux, même à ceux du propriétaire et de ses fermiers.

On le peut tolérer dans les recrus prenant cinq feuilles, et au-dessus, *mais seulement* dans le cas où il serait *indispensable* pour assurer la *vuidange* des ventes en exploitation.

X V I.

Il est défendu à tout propriétaire, dont les bois

sont soumis à l'aménagement légal, de les jardiner, ni d'en intervertir les coupes.

XVII.

Les baliveaux et autres arbres sur-âges, des bois, bordures, haies et buissons, sont déclarés faire partie du fonds, ainsi que tous les arbres plantés ou venus isolément, de quelqu'espèce qu'ils soient, de même que les bois destinés à croître en futaies.

XVIII.

Le recru des bois, à quelqu'âge qu'ils soient aménagés, est un fruit qui ne peut être cueilli par l'usufruitier qu'à l'âge prescrit par la loi.

La tonture et l'émondage des arbres, dans les lieux où ils sont en usage, sont aussi des fruits qui ne peuvent être cueillis par l'usufruitier avant le tems prescrit par les usages locaux.

La tige de ces arbres fait partie du fonds; l'usufruitier ne peut en disposer que lorsqu'ils sont morts naturellement, et dans ce cas il est tenu de remplacer.

TABLEAU approximatif de la dépense de l'organisation forestière, suivant le projet du citoyen Perthuis.

46 conservateurs , . à 5800 fr. .		266,800 fr.
180 agens forestiers , à 2500 .		450,000
180 inspecteurs , . . à 2000 .		360,000
180 greffiers, ... à 1400 .		252,000
300 arpenteurs, . . . à 1000 .		300,000
360 sous-inspecteurs, à 1300 .		455,000
1300 chefs-gardes, . . à 600 .		780,000
8500 gardes , ... à 400 .		3,400,000
TOTAL.		6,263,800 fr.

Tel est le nombre auquel je pense que peut être réduite la totalité des membres de l'administration forestière, sans cependant le garantir.

Quant aux traitemens, il n'est guères possible de les fixer à un terme inférieur. Je trouve même celui des arpenteurs un peu faible, à cause du paiement des layeurs, jalonnneurs et porte-chaînes.

Produits présumés du nouvel aménagement sur lesquels se prendront ces traitemens.

1° Produit des bois nationaux ;
Leur feuille, en l'an 6, n'a pas rapporté 4 fr.,

prix moyen, lorsqu'avant la révolution les bois médiocres les plus mal placés produisaient ce même prix de 4 fr. pour leur feuille.

J'ignore ce qu'elle vaut aujourd'hui, mais la continuation des anticipations, et les coupes blanches que se permettent les acquéreurs de bois nationaux, ont dû en empêcher l'augmentation en l'an 7.

Au moyen de ce nouvel aménagement et d'une bonne conservation, cette feuille augmentera de 2 à 3 fr., et avec la paix, de 6 à 8 francs.

Supposons que sous trois ans leur produit soit de 35 millions, les 2 *sous pour livre* de ces 35 millions produiront . . . . 3,500,000 fr.

2° Les bois communaux produiront 13 millions, et les 20 centimes par francs. 2,600,000

3° *Les 26 deniers pour livre* des
bois indivis avec les particuliers, et
de la conservation desquels la nation se trouve chargée, environ .   100,000

4° La moitié des amendes . . . 1,000,000

5° La chasse des bois, qui pourra
être louée de 5 à 20 sous l'arpent;

6° La pêche des rivières, de 4 à
10 fr. l'arpent;

7,200,000 fr.

(95)

Ci-contre , ... 7,200,000 fr.

7° Les pêcheries, env. 250,000 francs ;

8° Les fruits des bois, de 1 s. à 5 s. par arpent.

Ces quatre derniers objets, avant la révolution, auraient été loués 12 millions ; sans la paix ils produiront à peine 1 million ; après trois ans de paix, on peut en espérer 2,500,000 fr. dont les 2 *sous pour livre* sont 250,000

Total du produit des fonds affectés à ces traitemens. . 7,450,000 fr.

Différence en faveur du trésor public, ci . . . . 1,186,200 fr.

La première et deuxième années, on sera probablement obligé de prendre sur le principal des adjudications, pour parfaire ces traitemens ; mais lorsqu'on reconstruit sa maison, on éprouve toujours une perte de loyers.

D'après cet aperçu, on voit que les frais de conservation seront d'environ 16 sous par arpent, ou de 4 sous pour livre du revenu. Cette dépense n'est pas exorbitante, puisque dans l'usage ordinaire on porte ces frais à 1 franc par arpent.

J'observerai qu'à 16 sous par arpent, pour frais

de conservation, les communes ne devraient payer par année que 1,720,500 fr., tandis que je les porte à 2,600,000 fr. ou 20 cent. par franc du revenu moyen présumé de leurs bois; mais ces bois sont plus disséminés, d'une conservation plus difficile et plus dispendieuse que celle des bois nationaux; d'un autre côté, il faudra plusieurs années d'une conservation bien rigide, pour leur faire produire un revenu moyen de 13 millions; et jusques là si les communes ne payaient en frais de conservation que 10 cent. par franc, comme pour les bois nationaux, et en supposant même un revenu de 9 millions pour le *minimum*, l'état se trouverait en perte à leur égard d'une somme annuelle de 820,500 fr. qui est couverte par la retenue desdits 20 centimes par franc.

Quelques personnes prétendent encore que pour économiser les frais de conservation, il faut aliéner les bois nationaux. Elles ne sentent donc pas que pour empêcher ces abus de jouissance qui ont dévasté et qui détruisent encore nos forêts, il faudrait toujours une autorité surveillante fort dispendieuse pour les réprimer, et que d'ailleurs nos bois, chasses, pêches et pêcheries doivent produire un jour au trésor public un revenu net de 75 millions au moins.

TABLE

DES MATIÈRES

Contenues au projet de Code forestier.

G

ERRATA.

Page 26, ligne 13, le renvoi de note (2) doit être placé après le mot *s'encrouent*, ligne 14.

Page 28, ligne 18, *L'ypreau* ; lisez *L'ypréau*.

Page 49, ligne 6, le superflu ; *lisez* le surplus.